suncoler

The Pursuit of

A Better Life

陳設 美好的生活

林書言 Lsy sophie 著

suncolor
三采文化

前言

我們為什麼要學習陳列設計？在不斷進步的趨勢中，陳列設計將成為不可或缺的生活應用常識；日文中的「空気を読む」，中文為讀懂空氣，有察言觀色的意思，我們如何在快速交流的一瞬間，理解看不見卻有暗示性的環境語言？為什麼空間會讓人感覺舒適，又或者該如何創造這樣的浪漫？這些都跟陳列設計有著深刻的關係。

生活是所有瑣碎事物的日常總和，人們確實很容易受到環境影響，因此應該重視每天的生活品質，讓居家成為療癒自己的美好空間。

英國知名作家艾倫‧狄波頓（Alain de Botton）的《幸福建築》[1]（The Architecture of Happiness）寫到：「我們可以看到牆壁、座椅與地板搭配安置的典範，構成一個能夠讓人充分發揮潛力的環境，我們心懷感恩，肯定一個房間能夠具有如此的影響力。」

當細節成為一種不可或缺的生活應用常識，也是日常中隨時被大量觀察的一部分，於是希望能透過一些自身的經驗與資料，把陳列設計「借物達義」的內涵與技法帶給大家，進而讓人們能規劃更加舒適的環境與展現自我。

生活是由許多選擇與喜好陳列組成的樣貌，期待與大家分享感受，一起激發生活中的靈感，Share experience and inspire creation！

如有遺漏或未詳盡說明，尚請包涵。

Your friend / Seclusion of Sage Founder

Sophie

---

[1]《幸福建築》（The Architecture of Happiness），艾倫‧狄波頓著，陳信宏譯，先覺出版，2007 年。

content.

〔目錄〕

【第一章】

理論：
關於美的宇宙萬物論

① 陳列設計的發展來源

「Less is more」是現代主義建築大師路德維希・密斯・凡德羅（Ludwig Mies van der Rohe）流傳已久的建築名言，對於陳設來說，就是指該如何挑選準確的物件，以不累贅的方式來表達內心寫照、讓設計訊息得以傳達。

陳設作為動詞，是指擺放物件的動作；作為名詞則是泛指已經擺好的物品。當陳列變成一種「設計」，意味著它是一種解決問題的方法。這個發展來自於美國二十世紀初興起的百貨零售業，三大城市如芝加哥、紐約、費城的百貨零售業蓬勃發展，競爭也越來越激烈，他們要解決的問題只有一個：如何讓商品看起來更吸引人、比別人家的銷量更好！在二十世紀初，美國應用心理學家沃爾特・迪爾・斯科特（Walter Dill Scott）出版世界上第一本這方面的專著《廣告心理學》（The Theory of Advertising），內容包含如何透過精心構思，將設置的物品視為藝術化的創作表現，並在商業需求的條件下，安排光線、色彩、道具、美感、構成含義等主題，以及該如何達到廣告行銷、提升業績。

最早傳入東方世界的櫥窗設計概念，是在1920年民國時期的上海中西藥房，當時最暢銷的進口奶粉品牌，是一款由外商英瑞公司所製造的「勒吐精」（Lactogen）奶粉。這間實力雄厚的英瑞公司，委託上海各大中西藥房設置櫥窗廣告、舉辦活動和行銷宣傳等。這種形式新穎

的廣告招牌，引起了大眾熱烈迴響，其他藥房爭相仿效，於是上海、香港的廣告櫥窗開始萌發，英瑞公司成為全球食品商「雀巢」的前身。

陳列設計可以說是源於美國二十世紀初，為了百貨零售業的行銷策略而誕生，對於亞洲的影響，最初是在日本開始發展。1970年代，日本舉辦大阪世博會之後，由於廣告與展示需求急速成長，當時希望能培養更多廣告領域的技術人員，1987年日本厚生勞動省為了解決這個問題，在各界專家協助之下，創立「日本視覺營銷協會」（日本ビジュアルマーチャンダイジング協会）[2]。

1970 年代，日本大阪世博會的空前盛況。　　　　　　© Insjoy / Dreamstime.com

2 視覺營銷（Visual Merchandising Design），簡稱 VMD。在英語國家縮寫為 VM，日本則是使用縮寫 VMD；屬於銷售導向的視覺設計。

與此同時的台灣，因為1927年日本留學德國的建築師水谷武彥等人將包浩斯教育介紹到日本，形成了構成教育運動[3]，台灣的藝術構成運動也受到日本影響。在社會日趨穩定，帶動教育與經濟發展的情況下，藝術構成的概念開始形成，從1950年代到1960年代萌芽，一直到1983年，台灣教育部全面修訂課程和標準，在專業的設計科系編入基本設計、色彩學、平面造型、立體造型、表現法等基礎設計課程，國中、小學的美術課程中，也普遍導入構成教育的內容。

陳列設計，就是任何構成的安排，常見的室內陳列設計也悄然地影響人們對於居家陳列佈置的想像，挪威建築師Christian Norberg-Schulz在《實存、空間、建築》[4]（Existence, Space and Architecture）一書裡說道：「人際（Human）空間的問題已由心理學研究了上百年，加上人類對其環境問題間的問題後，證明空間知覺是一個非常複雜的過程。」可見陳列設計對生活的影響，不容小覷。

台灣的陳列設計發展，起源於民國六〇年代受美國影響的預售屋、樣品屋等販售概念，由於當時城鄉人口大量遷移，建築業出現盛況空前的榮景，隨著台灣建材的發展，室內設計也跟著萌發，只是相對的流行時期較為短暫。其中台北1934年開張的「波麗路西餐廳」具備各項現代設施，是台北早期相當經典的室內設計。

---

3 在日本，構成教育即是造型教育。
4 《實存、空間、建築》（Existence, Space and Architecture），Christian Norberg-Schulz 著，王淳隆譯，台隆書店出版，1980 年。

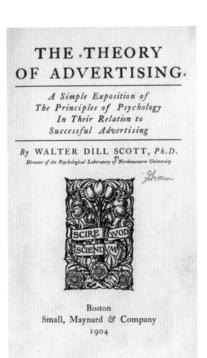

二十世紀初，沃爾特‧迪爾‧斯科特著作的
《廣告心理學》（The Theory of Advertising）
是世界上第一本關於視覺營銷的分析與研究。

包浩斯（Bauhaus）是一所德國的藝術和建築學校，
由建築師華特 ‧ 葛羅培斯（Walter Gropius）
在 1919 年時創立講授並發展設計教育。
© Camille Tsang / Dreamstime.com

1920 年，上海最暢銷的進口奶粉「勒吐精」（Lactogen）廣告。
© Retro AdArchives / Alamy Stock Photo

〔台灣各年代的裝潢風格演變〕

台灣的室內設計在日治時代就相當有規模，二戰後因各項因素，建築和室內設計即產生斷層，包括了歷史潮流、技術與思想上的各個層面。當時經濟型態本質上十分不穩定，但在1970年後期開始，經濟成長飛快，過程中講究短期效益的心態反應在建築和室內設計裡，以下為台灣1940至2020年代，反應在建材上的各種室內流行風格。

1940s 馬約利卡磚

台灣早期建築是日式與和洋折衷主義；二戰前日本人引進日製馬約利卡磚（Majolica Tile），台灣的傳統建築物才開始大量地鑲貼磁磚。特色為有精緻浮雕的鮮明樣式，搭配飽和的色彩，以昭和年間最為盛行。這是一種彩繪錫釉磁磚，製作細膩，主要為戶外裝飾材，富貴人家用於牆堵、屋脊、街屋陽台和牌樓等建築，用以裝飾彰顯身分。

1950s 馬賽克磁磚

馬賽克是由英文「Mosaic」音譯過來的，泛指由小色塊併合而成的圖案或圖畫。台灣本土製造磁磚業始於1897年，最早是由日本人岩本東作在苗栗創立西山築窯；由於初期發展無法燒製太大尺寸，所以剛開始是用燒製磚瓦的單獨式窯爐所燒製的小型磁磚馬賽克為主。普遍計算馬賽克磚是以「才」為單位。（一才為30×30公分）

日製馬約利卡磁磚於
1945 年後停產，在
台灣僅存於 1919 至
1945 年間，具年代
辨識性與價值性。

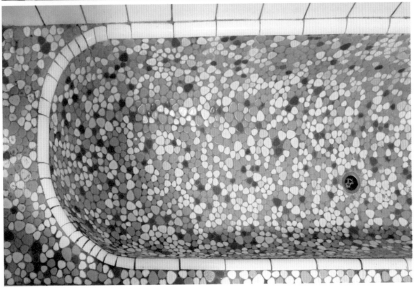

馬賽克磚（Mosaic
Tile），意指單位
面積在 4 平方公分
以下的小型磁磚。
圖為流行於民國五
〇至六〇年代的馬
賽克拼磚浴缸。

1960s 三寸六面磚

1960年代初，台灣引進日本的隧道窯、自動成型機，開始步入工業化的型態。1960年代後期，國產天然氣開始供應工業用氣，生產三寸六面磚（10.8 x10.8公分）、紅鋼磚、二丁掛[5]等成品。因為台灣氣候日照穩定，磁磚也適合牆外施作，所以無論室內外，直至今日，磁磚仍為台灣常見的建材之一。

1970s 普普風格

七〇年代受藝術家安迪・沃荷（Andy Warhol）的影響，不論是西方音樂、電影、時尚，還是餐廳、住家、旅館等，繽紛漸層的幾何圖樣百花齊放。在普普風（Pop Art）盛行之下，西洋壁紙成為了家家戶戶壁面的裝潢首選，包括窗簾布樣、地毯、服裝也都受到啟發，幾何與連續性的飽和色彩圖案，成為當時最時髦的裝飾風格。

5 「丁」是日本規格之單位，單片寬度為 60 公釐，兩塊丁掛俗稱二丁掛。

1960 年代流行的磁磚
「三寸六面磚」，如今
已絕版。

1970 年代流行的壁紙
與幾何圖樣，受到普普
藝術的影響。

1980s 拋光石英磚

半瓷化[6]的磁磚其硬度與耐磨性，日漸不能滿足消費者的需求，也無法適用於大型地坪及公共場所。於是無釉的透心地磚出現，其燒成後經機械研磨拋光，表面平整光亮，簡稱「拋光石英磚」。台灣八〇年代開始進入燒製大尺寸磁磚的時代，外表美觀、可以無縫施作，且比一般地磚、花崗石磚硬度更高，於是居家的流行裝飾又再度改弦易轍，採用起反射度高的石英磚。

1990s 歐式風格

自從台灣室內設計大量使用拋光石英磚後，便流行起與之搭配的歐式裝潢元素，如水晶燭型吊燈、壁面裝飾線版、大型墨鏡門片、反射玻璃建材等，再搭配絨布沙發抱枕，營造出富麗堂皇的奢華感，一時之間，歐式宮廷風格成為居家裝潢首選，貴妃椅或是巴洛克壁紙，更呈現台灣轉化後的西式風格。

2000s 人文自然

1989年台灣創立了誠品書店（Eslite），這不僅是書店，也像一種生活美學，啟發了人文空間發展的思考。當東方內斂的人文思想轉化、環保意識抬頭，展現在公眾建築、室內空間的建材上，也為室內設計

---

6 瓷磚根據吸水率來分，有吸水率小於 0.5% 的全瓷、大於 10% 的陶，而介於兩者之間的為半瓷。半瓷化瓷磚燒製溫度不到 1200 度，胚體吸水率比全瓷高，受熱後的延展率也較高，所以燒成品硬度低、易碎裂、易滲透、光澤度也不好。

帶來不同面貌。不只是台灣，全球室內設計開始運用更多的自然建材，如FSC[7]驗證木材、清水模、藤竹製品、環保織品等。

2010s 混搭風格

2001年，Yahoo奇摩拍賣出現，並以二手物件買賣做為台灣第一家電商平台，於是網路購物風潮形成，在線上湧至眼前的不只有一間店，而是任何地方的古董老件與家具飾品。台北巷弄也開起各式北歐、美式古董家具店，吸引更多年輕買家，突破區域限制的藩籬，以自我風格喜好來佈置空間。結合1994年來台、於市場站穩腳步的瑞典平價家具IKEA，讓年輕族群不再侷限某種風格樣式，而是以更簡單上手、能展現自我的風格進行居家佈置。

2020s 哲學風格

隨著台灣室內建材不斷更迭流行，現代人逐漸意識到個人主義風格為展現自我的方式。台灣在國際屢獲獎項的StudioX4 乘四建築師事務所，擅長研究環境與人之間的相融關係；選物品牌地衣荒物 Earthing Way，則是在空間與五感意識中，以器物探索更多人文風土。「用物選擇，儼然代表個人的品味」，成為一種進化的居家文化。

7 FSC 由獨立非政府組織 Forest Stewardship Council ™ 創立於 1993 年，是國際上相當知名的森林驗證標準之一。

每個時代短暫燦爛的設計，各有其經典的代表；像是過去以遮風避雨為主要功能的建物，如今演變為展現美觀與舒適的居家空間。返璞歸真的氣息、空間與人，共存於一個空間內，人文素養則成為住宅環境的未來趨勢。西式、中式、字畫雕塑、新貨舊物的自由混搭式，能讓人與自己喜愛的物件一起過生活，居家陳列於是成為發掘自我之旅。

② 現代陳列設計的商業應用

陳列的起源,除了是使商品更好販售的商業之術,在早期博物館、宗教宮殿、藝術展覽上,亦發揮著引導的作用。文明進步,人們的感受力隨之提升,注意到了舒適生活可以帶來療癒感受,於是越來越重視居家空間佈置,陳列設計因而受到注目。

近百年的陳列演化中,因為二十一世紀的商業進步,設計被分成更詳細的類別,所以在不同領域裡要接觸學習的東西,基本上方向是不同的,也因此服務的客戶,只要是完全不同的族群,工作技能就有細微的不同,在台灣陳列設計業裡,大致可以分成以下幾種類型說明:

目前台灣尚無陳列設計的證照及考試,大專院校中所對應的學系應屬室內空間設計學系。一般人可以透過進入相關產業如室內設計公司、百貨櫥窗設計和家具家飾銷售業等學習,平時還可以閱讀室內裝修、美術歷史和裝潢設計等相關叢書,作為基本的日常自學。陳設職務較常見的有:視覺設計營銷(VMD)、商店陳列設計、展場設計、百貨櫥窗設計、百貨櫃位設計、攝影陳列美術、電視節目道具陳列、室內陳列設計、造景設計、藝術策展人、舞台設計、電影美術設計、廣告美術設計、MV美術設計、婚禮佈置設計、派對佈置設計等。

A. 室內設計(Interior Design)

台灣室內設計公司在設計圖內會包含家具配置,通常一間室內設計公司就可以獨立完成案場佈置。無論是商業空間(以下簡稱商空)或是居家空間都需要家具,所以台灣家具商通常會去拜訪室內設計公司,尋求設計師的合作,如此一來設計師也可以得到更優惠的回饋。最好

的狀況就是彼此都是長期合作、有穩定雙贏的夥伴關係，就能給客戶更好的優惠與品質保證。

因此，陳設需求主要還是以室內設計為大宗，有些規模較大的室內設計公司，自己會有陳設部門，負責家具的製作打樣、設計配置等，在台灣的家具品牌就有「家配師」的職位，不過本質上還是帶有銷售的意味，是指在家具配置上給出意見與搭配，具備促使客人購買專業家具的知識，以及設計搭配的技能。

B. 視覺營銷（Visual Merchandising）

指從視覺整體去考量商品的品牌精神、優勢風格、販售方式、市場區分等，屬於銷售導向的視覺設計。商場佈置、百貨櫥窗以及廣告燈箱等，都需要陳列設計的安排，通常大品牌的陳列師是每一週飛往全球不同的店鋪巡櫃，一般公司內部如果有視覺營銷師，則多依照每季陳列手冊的準則與規範來運作陳列、製作品牌櫥窗等。專屬於一個品牌的陳列師，應該通曉公司產品、銷售模式，甚至營業額數據有無提升之細節；而不屬於一間公司、各種商空的案別都可以執行的自由接案者、陳設公司等，溝通力、觀察環境與產業趨勢的能力則不可或缺。

C. 美術設計（Art Design）

在劇場的美術設計、舞台設計等美術陳列，就是另外一個概念更無限的世界了。舉凡電視、電影、MV、舞台、劇場等追求故事情節、寫實或誇張戲劇效果的地方，都需要陳列設計，更重要的是要具備與導演、攝影、演員、燈光、場務每一個不同組別一起合作的能力，包括

開會、寫提案、規劃道具、採購、製作道具、運輸道具、安排組織流程和找道具的體力活等。當然，組織規模越大，分門別類的統整合作要求就越高。通常導演、攝影、美術是製作團隊裡的三大重心，美術組需要從頭到尾的跟拍，直到攝影結束收工。高度抗壓、懂編列預算、有良好臨場反應和過人體力，是美術設計除了陳設能力之外，能夠生存下來的基本要求。

D. 策展設計（Curation Design）

如果還將策展設計的印象停留在世貿展覽裡，那種一格格隔間與辦公室地毯的話，對於策展的理解就有點過時了。當代的展示設計，像是位在華山、松菸文創園區等結合戶外大場地的空間，更像是藝術策展的規劃。這些陳列展示與場景佈置，運用科技結合光與影的展演，跳脫了場域的限制，還帶有藝術性質，如陳設展覽、藝廊策展，或是學生畢業展、成果發表等，在充滿展現意味的公眾設計中，導向指引、動線規劃、視覺效果、燈光效果、設計製作物、趨勢素材、佈展工法流程等，就是策展的關鍵技能。

E. 活動企劃（Venue Design）

求婚、婚禮、生日派對、記者會、新品發表會、活動企劃的活動陳列設計，跟策展設計來比較，性質則是以更動態的企劃去進行。因為這個空間是有活動進行的狀態，而非靜態的展覽形式，設計上考慮更多的是「人、時、地、物」的加總變化，所以應該要因應這四項條件來規劃安排。婚禮佈置、活動佈置等有幾種情況，以婚宴佈置來說，有

的是量身定做場地設計，有更多服務的性質存在，溝通能力與企劃力的重要性，不亞於設計技能；如今也流行公版佈置，根據多種風格擇一運用，價格便宜又能減少想像落差，也受到年輕族群歡迎。

F. 空間改造（Soft Trim Design）

由於近年來，台灣物業有居高不下的價格，所以改造舊公寓提升增值效果，讓強調善用裝飾物及粉刷油漆等輕裝修成為趨勢。人們在有限的空間面積、裝修預算和生活需求之下進行改造，比重新打掉裝修更可以迅速的轉變空間面貌，這一種不需大動工程的方式，往往能立即見效。亦有人稱作軟裝，是由英文 Soft Trim 而來，Trim有調整、整頓的意思。

好樣思維·本事書店的
調整佈置。

陳列設計的好處，就是無論商空還是居家空間的改造，都還保留部份或原有的狀態，有別於室內設計著重的是專業技能與證照，空間改造的裝潢手法偏向裝飾意味，在「找到問題所在並加以改進」的方法中，觀察理解空間裡的缺點與優勢，營造各式不同需求的氣氛，跟室內設計中強調「天、地、壁」的規則比起來，陳列設計較著重於改造裝飾的「氛圍規劃」。

美國藝術家李歐納·科仁（Leonard Koren）在《擺放的方式》[8]（Arranging Things）一書提到：「擺放的方式還沒像真正的語言一樣系統化，但從某個層面來說，也自成一套體系，更準確的說法是，擺放的方式是一套『視覺溝通體系』，也就是藉由視覺的方法來溝通表達。人們身上穿的衣服、頭上的髮式、車型與車款、手勢動作等，都是一套明確的溝通系統。」

因此我們可以理解，陳列設計的擺放方式是有意識的行為，可能是在餐廳、辦公室、公共空間、展覽藝廊、美術館，或是在客廳、書桌上、臥室床邊……等。任何空間裡只要存在物件，就有陳列擺放的行為與意味。

8 《擺放的方式》（Arranging Things），Leonard Koren 著，藍曉鹿譯，行人出版社，2014 年。

A. 室內設計：宜蘭
斑比山丘選物店。

斑斑 Bambam

2019.09.17　有點潔癖 處女座

頭上有鹿角所以是小男生

身高：五根紅蘿蔔
體重：吃比較多的時候20根紅蘿蔔重
有時候肚子餓15根紅蘿蔔重
興趣：玩泥吧玩泥吧
最愛：紅蘿蔔、牧草、碗仙豆、地瓜（每隔小時換一次）

A. 室內設計：宜蘭斑比山丘選物店。

油的奇蹟發芽！

態　為保養帶進另一種可能

的村莊，一群迦納小農的明天，
藤相信，每一次的消費都能賦

從輔導迦納小農
種植辣木樹的那一刻，
奇蹟開始發芽。

以公平貿易的型態，改善小農日收入 2 美元的困境；大
辣木林地栽種，平衡當地環境與水土生態；豐富營養價
辣木，甚至彌補了鄉村孩童營養不良的問題。

這些…都是一點一滴正在發生的奇蹟。

B. 視覺營銷：高雄綠藤生機誠品 EXPO 期間店。

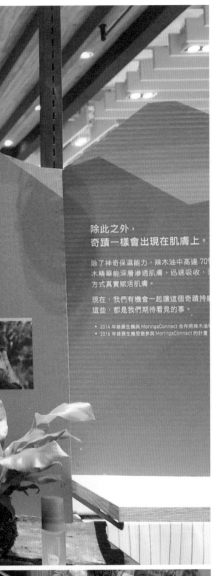

除此之外，
奇蹟一樣會出現在肌膚上。

除了神奇保濕能力，辣木油中高達 70%
木精華能深層滲透肌膚、迅速吸收，方
方式真實賦活肌膚。

現在，我們有機會一起讓這個奇蹟持續
這些，都是我們期待看見的事。

• 2014 年綠藤生機與 MoringaConnect 合作將辣木油使
• 2016 年綠藤生機受邀參與 MoringaConnect 的計畫

C. 美術設計：台灣MV《女孩與機器人》。

陳設美好的生活 The Pursuit of A Better Life

D. 策展設計：台北敦南誠品「老派驚喜名人收藏展」。

E. 活動企劃：「物產豐饒的小島派對」市集。

陳設美好的生活 The Pursuit of A Better Life

F. 空間改造：中正棲仙陳設選物所。

③ 居家佈置的五大基本元素：
主角、配角、展台、燈光、觀眾

陳列設計有沒有公式？看似簡單的問題，一開始是很難有答案的。陳列設計就是一種故事的創作，情境的安排；對於高度仰賴感性思考的設計師而言，「公式」意味著僵化的系統。但是，對於想要理解基礎陳列設計的朋友來說，把陳列設計的心法拆解開來，可以簡單理解基本的邏輯系統。

假設將陳列設計用說故事來比喻，當我們轉換成要說關於居家擺設、空間擺飾的故事時，無論如何都不可缺少的基本需求有什麼？

陳列設計就像敘述一場好故事，想像一個故事的成立、會發現無論在任何場景與劇本的組成，都少不了這幾項故事設計的五大元素：空間、主角、配角、燈光和觀眾，當然，這只是一個陳設的基本公式，當設計師有不同的手法變化，跨越想像範圍後，創造力將發揮無限大的可能性。

由石膏像延伸而出一個想像的情境，
將故事設定為有閱讀習慣、喜歡人文藝術的主人椅場景。

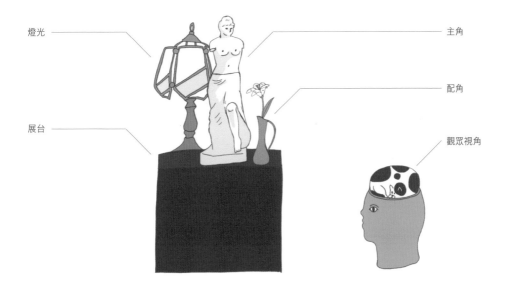

燈光　　　　　　　　　　　　　　　　　　　　　　主角

配角

展台

觀眾視角

〔**主角** Leading Actor〕:**想強調的物件視覺**

無論是居家或是商空,所有的主題都環繞著主角物件為核心,將主角本身的優勢表現在環境空間裡,這樣的概念源自陳列本質上的「主從關係」,是為了建立避免過度裝飾的陳列原則,所以居家陳列時,可以先決定要強調的重點主題。

新上市的商品、想要凸顯的收藏物件、家中量體特別大的家具如客廳沙發,往往處於空間中的核心動線,並且因為視覺體積較大,環境週遭的茶几擺設風格,也受到沙發樣式的影響。選擇沙發就是選擇客廳中的家具主角,人們在視覺的注意力上會先被體積大、位置鮮明或位於重要動線上的物件吸引。這些被形容為主角的物件,當然也可以是居家展示的收藏品等觀賞物品。

主角:新商品、聚焦的、具表達主軸、
突出表現的和被重視的物件。

〔**配角** Supporting Actor〕:**搭配道具、次要商品**

許多生活中的道具是不可忽視的配角,因為細節搭配可以成為塑造氣氛的推手,所以平日使用或喜歡的東西應該要慎重挑選,並重視搭配的整體性。

「support」意指支持、支援的意思,也代表了襯托陳設主題的配角特徵,佈置的意義是為了更凸顯主角的視覺重點,而添加的佈置元素,有植物花藝、各式素材、織品布料、宣傳海報和道具小物等。

如何挑選適合的道具,端看主角與配角之間延伸發展出的關聯性。例如提到裁縫機就會聯想到訂製服飾、製作服裝的師傅、手工製作以及關於縫紉時會出現的物件;看見玫瑰花容易聯想到情人節;而康乃馨就會讓人想起母親節。配角的選擇除了烘托主題以外,用於居家環境的家飾搭配,就會具有點綴的特性,並不會非常繁複雜多。

例如為了使餐桌更美觀,在花器中可以利用鮮花作為裝飾,使用餐氣氛更為浪漫,還能讓每日用餐的環境變得溫馨愉快;又或者在空曠的牆面掛上一幅畫,可以讓平時疲憊的視覺有停留休息的時間,亦可以在角落擺上一株植栽,欣賞它每日生長的不同生態;如果在室內角落放上放一盞檯燈,就會讓空間增添安全溫馨的感覺。

配角:具襯托性、加分感、重要性略低、是製造氛圍的推手和烘托主角的道具。

〔**展台** Stage／Space〕：**水平空間**&**垂直空間**

這裡所提到的展台，意思是指擺放物件的桌面、地面、檯面或任何表面，例如杯子擺在桌子上（水平空間）、畫作或掛鏡釘在牆壁上（垂直空間），意指物件的存在空間。所謂的展台就像是表現主角的場域，會在一定的範圍內，有創造空間感的特性，例如書房的佈置，在地面放上一片地毯，而地毯會製造空間中的場域感，形成目光注意的中心。展台是製造區域性、承載物件的三維空間，不限於任何地方，可以依照內心想像的範圍而成立，居家空間中如書房書架、客廳茶几、餐廳餐桌和臥室床頭櫃，都可以有擺放物件的設計。

想要佈置的地方，例如臥室中，可能是體積最大的床鋪當成主角，臥室裡還有床頭櫃、化妝鏡台、照明燈具、床單織品、掛畫或掛鏡等作為裝飾，那麼在臥室整體坪數的限定區域裡完成佈置，就是所謂的展台。在裡面提到的家飾用品等物件，就像是配件的設定，一同在這個區域裡完成佈置。

展台：放置物件的桌面、櫃檯、層架、展台或是任何需要佈置的空間場域。

〔 燈光 Light〕: **照明方式**

光線代表著一種細節的調整，無論是店鋪裡營造氣氛的角落燈，或是玻璃櫥窗裡聚光的投射燈，我們對於光線的要求，就像是大明星對於打光的要求是一樣嚴謹。好的光線能帶來質感，不好的光線可以把好的氣氛破壞殆盡。

從光源照射在空間中的高度距離來分類，可以分為「低光源」、「中光源」、「高光源」：

低光源：
最接近地面上的光源，例如地燈、戶外燈等，當光源離地面越近，表示光源離天花板越遠，整體亮度會低於一般視覺高度，讓人感到較為放鬆、舒適。明度較低的低角度光源，適合搭配其他照明使用。

中光源：
略低於一般視覺高度，維持中間調性的明亮度，例如桌燈、檯燈，維持空間中間調性的亮度。

高光源：
高於一般視覺的光源，例如吊燈、嵌燈、頂燈等，通常最為光亮，都是屬於從高處照明的打亮法。

燈光也可分為直接照明、間接照明。直接照明是指高光源的天花板燈具，例如投射燈、聚光燈，適用於需要特別照明、較為戲劇化效果，像是美術館、藝廊、舞台、百貨櫥窗和展覽會場等。在高處的光源會讓室內普遍明亮，使用上若稍微不注意，過度光亮可能會使空間的層次度變少，也不適用於一個屬於休憩的居家環境。

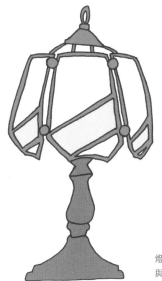

燈光：控制明暗、運用光線的強弱
與照射點，製造氣氛的照明設備。

燈光使用場合的建議

燈光應用於居家照明,按照個人生活習慣不同,需要多少亮度是很主觀的,不過依照CNS[9]國家照度標準,仍然有其照明準則,它是按照公眾場合或居家條件來制定照度規範,可以做為環境照明的參考。

照度(illuminance)是指照射在某一單位面積表面上的入射光總量,市面上常見的單位用詞為勒克斯(Lux,簡稱lx)與流明[10],一般的居家照度建議在300~500lx之間,日常的代表性照度:烈日為100,000lx、陰天為500~6,000lx、滿月為0.2lx、星光為0.0003lx,照度越高等於越亮。

CNS國家照度標準如此規範照明:「使用人工照明之場所,必須考慮下列各項條要件,始能達到良好生活之環境:照明及其分布、眩光、陰影、光色。」 在住宅中的起居間照度,休閒活動約為200~300lx,臥室一般為20~30lx,深夜為1~2lx,而化妝、閱讀、工作等需要清晰視線時為500~750lx,手工藝作業等為1,000~2,000lx,客廳的桌面與沙發為200~300lx,浴室、廚房、餐廳包含水槽、調理桌、餐桌為300~700lx,玄關裝飾櫃為200~300lx,鏡子區為500~750lx,室外玄關、門鈴、信箱區為50~75lx,走道為10lx,庭院則為50~75lx。以上區域皆可另作局部性的提高照明設備,使室內照明不流於平凡而富有變化。

---

9 中華民國國家標準(National Standards of the Republic of China,縮寫 CNS),是中華民國實施的國家標準,由標準檢驗局主管辦理。
10 照度還會使用的單位還有平方米、燭光。

居家常見之燈具選擇：

起居室：立燈、桌燈、間接照明
臥室：床頭燈、化妝燈、間接照明
書房工作室：閱讀燈、立燈、桌燈
客廳：主燈、立燈、桌燈、間接照明
浴室：主燈、吸頂燈、化妝鏡燈
廚房：主燈、吸頂燈、間接照明
餐桌：吊燈、吸頂燈、間接照明
玄關：嵌燈、間接照明
庭院：壁燈、防水戶外燈

〔觀眾 Audience〕:觀看視角

想要製造什麼樣的感受,就要創造故事場景,試著想像動線從哪一個方向走過來?視覺焦點要往哪裡看?要怎麼擺放才能被看到最好的一面?無論是商業空間或是居家,假想路過視線匯集的焦點,使用者的角度、感受都要化作佈置條件,並想像有視覺效果,能增添舒適感和提升生活品質的物件是什麼?這樣的考慮角度才不會讓裝飾成為累贅雜物、不過度打擾視覺,才能使居家佈置符合舒適需求。

我們通常可以使用一些方法來提升感受度,不見得每個人感受力都足夠且相同,例如培養「同理心」,同理心的意思是能夠換位思考,即使站在不同的角色立場,也能體會對方的觀點角度。因此,倘若能理解、顧及某族群的需求面向,並展現在陳列設計的價值意義上,就能凝聚更多的使用者認同感。在居家的視覺感受或是動線使用上,也能帶給環境更舒適的改變。另一個就是我們說的概念,陳設師可以提供觀賞者具有洞見的觀點與靈感,反映在物件的擺放之中,巧妙中帶有巧思,且帶給人們美觀且嶄新的樣貌。

五大元素中,有主角、配角、背景的主從概念,可以不斷的重複,在重複中的公式中又有主角、配角之分,像這樣去調度彼此的關係比例,然後利用燈光去營造氛圍,就是一種平衡與美感的鍛鍊。

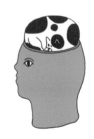

觀眾:以陳設的視角表達主張或自我風格,需考慮受眾的心理感受。

【第二章】

選物：
買對物件先成功了一半

① 學會鑑賞物件的要領：
形式、色彩、材質、裝飾

「選物」就像一個流派，選物的英文「Select」，意思就是「做出選擇」，每家選物店老闆跟收藏家都有屬於自己的一套鑑定方法，加上派別專精以及個人喜好，愛物者其實每一個人皆可遂成一派。

漢寶德教授在《如何培養美感》[11] 一書提到：「美是形式、色彩、質感、裝飾所造成的，一物何以較另一物為美，無非是這四種因素的影響。」不同物件的相互比較，就有各項因素可以做對比，譬如誰的器型比例好看？誰的色調比較有質感？哪一部分的裝飾工藝很加分？或是顯得很多餘？用兩者來做比較，找出可比較性的地方。

舉例來說，製造一個器皿，首先要有「外觀形狀」的設定，然後選擇「製造材質」，再來是「決定色調」，最後再加上「整體裝飾」完成作品，簡單來說，上述這四個要點，就是欣賞物件的各式步驟。

「尚美」是人類天生的本能，而美感能力就如同一般知識，同樣是需要靠經驗學習、觀察進步而來。評論與研究不等於是批評，尋找資料、常逛常看、閱讀探索或是與同好交流分享，都可以增進有關美感的感知力。美感不只是主觀的意識，美感是人們能有共感的交流，以提升精神慰藉，養成人文思維的主因。培養美感，就是保持開放的心態，接受各種不同的聲音與意見，經年累月地去發掘每一樣物件之美，即使再細微之處，也能有美的存在。所以學會鑑賞物件的要領，即打開眼界感受生活之美。

---

[11] 《如何培養美感》，漢寶德著，聯經出版，2010 年。

空氣鳳梨、紫水晶加上腐朽的鐵架。美感的本質是經由比較
而來的，任何物件皆有其質感、色澤、形狀、裝飾之美。

以花藝器皿的選擇為例，從左至右為青瓷器、
陶器、水泥盆器、藤籃編器與玻璃花器，有各
種不同的材質形狀，每一株植栽都有不同的外
型。想要找到合適的器皿，便要考慮形式、色
彩、質感與裝飾的和諧度。

〔形式〕 Form

美學上的形式，可以指物件上的形狀樣式、比例或特徵，也就是「外觀」。大部分人們都認為，美感是一種無形的抽象價值，但是真要比較物件之間差異的美感，可以通過科學的方式，也就是度量尺寸、統合紀錄、比較數據來統計美感的比例關係。

「美，就是好看。」古人直接分析這個現象，便自然找到了比例的概念。古希臘人因此也以「黃金比例」（Golden Ratio），得到完美形式的解答。

漢寶德在《談美感》[12] 一書說：「形式（form）是藝術的根本，是數學秩序的呈現，自然界最有趣的形，花朵之形，雪花之時，晶體之

左　　　　　右

---

[12] 《談美感》，漢寶德著，聯經出版，2007 年。

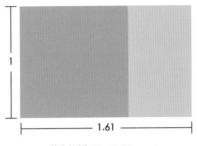
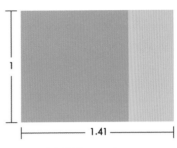

黃金比例 The Golden ratio　　　　白銀比例 The Silver ratio

形，都是幾何秩序所建立起來的，同時也發現生命成長的順序常常符合費邦尼基數，也就是1：2、2：3、3：5、5：8、8：13、13：21……這個序數連續下去，就是古希臘的黃金比。」

日本自古以來也流傳相同的比例美感，稱作「白銀比例」。白銀比例是「1：1.41」，這種勻稱的平衡感也稱作「大和比例」，一般廣泛運用於日本建築、雕刻、插花等藝術創作，當代著名的日本卡通人物Hello Kitty、哆啦A夢（ドラえもん），也都是白銀比例，比起優雅的黃金比例更接近方形，顯得較為可愛親切。

以圖片中大小相仿的透明玻璃缸為例，外觀極為相似，但整體比例來說，左邊玻璃缸，形式較圓潤高聳。人們研究發現，形狀越接近圓形的物件，越容易覺得可愛。右邊玻璃缸比例為橢圓形狀，給人較為細膩或古典的感覺。依照兩件以上的物件進行對比，可以說明每樣物件的不同、巧妙之處，所以客觀上，美感與比例是可以觀察出來的。

形式美的來源是自然，由於科學是研究自然，才驚奇地發現到處都有秩序存在，例如被視為非常完美的黃金比例，當我們平視時，以視覺生理來說，黃金比例的長方形自然看起來最舒服。到了二十世紀，現代建築風格萌發，新的現代流派試圖驗證古典美學原理，後而將科學與藝術合而為一，形成如今的現代美學觀點，有了嶄新的人文思維。

在古典美學中，每一樣物件的美感與否，都來自「比例」。比例是美的根源，能直接影響整體的平衡與品味。如圖片中一系列的白色花瓶，依照高低比例不同，越接近圓形會有可愛感，越修長的造型則具有纖細優雅的感受。

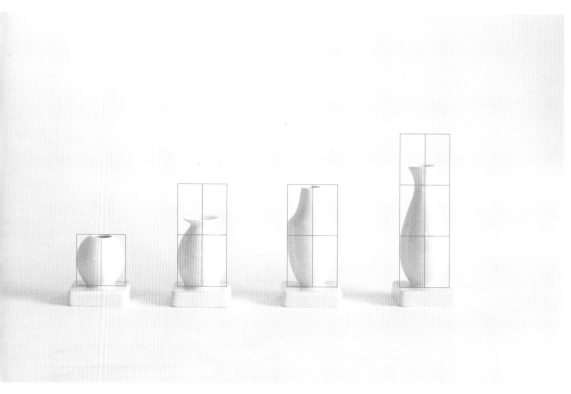

培養美感的步驟便是思考。說明美是透過比較才顯現出來。
欣賞物件先觀察造型，可以作為日後累積美感經驗的過程。

再看看圖中兩個大小相仿的透明玻璃瓶，外觀高度相似，但以瓶身的整體比例來看，右邊的玻璃瓶，瓶口略大，旋蓋的形式也較為粗糙；左邊的玻璃瓶，瓶蓋與瓶頸的搭配，形式較圓潤勻稱，兩者之間進行對比，會發現修長的形式比較有細膩優雅的感覺。而右側玻璃瓶則以寬肩為趣味，呈現可愛樸拙的樣貌。經由生活經驗累積，可知器物的比例美感；微觀每樣物件的不同之處，是可以經由比較出來的。

左　　　　　　右

〔**色彩**〕 Color

色彩在設計外觀上，會影響整體協調感，對色彩有基本概念，有助於理解箇中萬種變化。所有視覺感應的顏色，都是因為光的反射或吸收而產生所謂的「色彩」，而能夠調整色彩有三大要素，也稱作「色彩三屬性」。

色相　Hue／簡寫為H

色相就是指「色的名字」，主要是用來分別不同色彩的名稱，例如「橘色」就是取自於相同顏色的橘子；牛頓用三稜鏡分析出七色光譜：紅、橙、黃、綠、藍、靛、紫 ，色彩中不同的模樣，表示對顏色的稱呼，就叫做色相（色的相貌）。

明度　Value／簡寫為V

明度，可想像是把顏色調亮或調暗。當物體反射的光量越大，明度越高；反射越小，明度越低。純色中以黃色的明度最高，因此很搶眼，常作為警示色。日本色彩研究所PCCS（Practical Color Coordinate System）把黑到白共分成九個明度，作為色彩的明度標準。

彩度　Chroma／簡稱為C

彩度是指色彩的飽和度，沒有添加黑白色代表顏色中的 「純色」，純色顏色所含的黑色越多，彩度越低；當黑色含量越少時，彩度則越高。不過彩度高未必是指鮮豔的顏色，例如螢光色；彩度中以紅色為最高，黑白灰色系因為沒有色相，所以就沒有彩度之分。

色彩能夠在第一時間被人們看見，是比文字、大小、型態更引人注目
的視覺要點，是從知覺、感情、記憶、思想及文化象徵等感受觸發。
當人們受到不同顏色的刺激，就會產生不同的心理反應，以下為關於
色彩的聯想：

紅：熱情、華麗、自信｜象徵吉祥喜慶、豔麗飽和，是有充沛能量的色彩。
橙：大地、開朗、溫暖｜自然溫暖、充滿陽光、坦率健康的感覺。
黃：活潑、光明、顯眼｜信心、聰明、希望，淡黃色顯得天真浪漫。
綠：和平、清新、新生｜有安全感、活力的感受，象徵自由和平。
藍：權威、務實、沉靜｜自然海、天空的意象，象徵專業保守的特色。
靛：智慧、靈性、創造｜介於藍和紫之間的藍紫色，源自染料的原料蓼藍。
紫：優美、高貴、神祕｜光波最短，自然界中較少見到，因而神祕高貴。
白：潔淨、純粹、簡單｜象徵光明，表示純潔充盈、樸質無華的本質。
灰：平凡、憂鬱、深沈｜中性的、簡約的低彩度，給人柔軟的感覺。
黑：嚴肅、成熟、理性｜正式、莊嚴，帶有剛硬的性質、低調的氣氛。

正因為色彩是帶有回憶的心理感受、因各國民情文化而有所不同，所
以注重色調的選擇、比較這樣的顏色是否適合物件形式？是否適合周
遭環境？對於色彩的選擇、喜好，我們可以有更明確的理解。猶如音
樂調性（tone），色彩給人們的感受有著強弱輕重的變化，因此顏色
的變化被稱為「色調」。

© Abel Roman | Dreamstime.com

牛頓用三稜鏡分析出七色光譜：
紅、橙、黃、綠、藍、靛、紫。

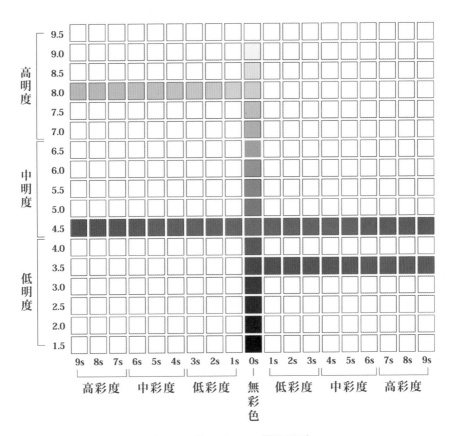

日本色彩研究所 Practical Color Co-ordinate System（簡寫 PCCS）
作為色彩的明度／標準。

色彩三要素
色相、明度、彩度

以示範照片來分析，影響色彩的不同分別。

色相　　　　　　　　0

彩度　　　　　　　　0

明度　　　　　　　　0

調整色調比例尺

〔**材質**〕 Texture

素材本身是有表情的，透過不同材質來轉化為視覺感受。

玻璃瓶
透明、簡約、摩登

瓷器瓶
潔白、天然、純淨

竹編瓶
竹藤、工藝、傳統

錫製瓶
金屬、反射、剛硬

同樣一個花瓶，即使大小造型相近，也會因為材質的質感，而有不同的感受氣氛。從玻璃的透性、瓷器的精緻、編織藝品到反光金屬花瓶等，材質反射的光澤度、手感肌理、生活記憶，也會成為改變視覺感官的一環。

材質感的體驗，因感知方式而有不同，《造形の基本と実習》作者真鍋一男，便將材質分為「觸覺型質感」以及「視覺型質感」：觸覺型質感是指可以用手觸摸並感覺出來的；而視覺型質感則是由觸覺經驗轉化而來，例如凹凸感、平滑度、軟硬度、潮濕度、溫度和重量感，各類材料因呈現的方式不同，質感可說是萬化千變。

木料、竹料講究皮殼溫潤，鐵件講究侘寂腐朽之美，各種材質的極美發揮，都要依賴經驗與美感。材料本身經不經得起時間考驗，有賴造型與材質、顏色互相搭配，才會形成美的感覺。因此材質本身，就已經附有美感的條件了。

所以選擇物件的材質，就等於是選擇了質感，無論是皮毛類的奢華觸感、木頭紋路的原始自然感，又或是金屬質料的冰冷現代感，材質需要與物件本身有搭配適宜的效果，外觀與質料是相輔相成的關係，是彼此互相襯托的重點。

像是以塑料鍍銅跟純銅的物件來比較，即使看起來很像，但入手的重量沉穩度跟視覺的小細節明顯就有差距，對選物來說較為精緻的分別，就是材質、質感上的把關。

材質也有不同功能的選擇，例如西方國家認為皮革類沙發是擺放在辦公室用的，而家裡的沙發則會選擇布類織品居多；但是亞洲國家則喜好皮製沙發作為居家使用，因為耐用亦好清潔。故材質上即使有諸多選擇，也依然會根據社會文化、使用者的喜好習慣或其他因素來挑選，因為不見得所有人第一重視的條件，都一定是挑選好看或美觀的質料。

試著根據不同調性搭配關鍵字後，就有適合搭配的材質：

	自然	都會
材質	木頭、石材、陶土、藤竹	金屬、玻璃、礦石、鏡面
感覺	新鮮、原始、天然、陽光	現代、氣派、城市、摩登感

	質樸	現代
材質	木頭、陶土、棉麻、泥作	金屬、玻璃、皮革、絨布
感覺	堅毅、純潔、謙虛、耐用	富裕、享樂、華麗、展示、閃亮

材質的區分

材質又分為自然材料與人造材料，以下列出材質的細項提供參考。

· 自然材料
顧名思義，即是未經加工的天然材質，可因材質特性分為：
植物性材料：木質、藤葛、竹、葉草、花卉、棉花類等。
生物性材料：毛、皮革、牙骨、貝殼、珊瑚、羽絨類等。
礦物性材料：泥土、陶土、玉石、金屬、結晶類等。

· 人造材料
又名合成材質，是指後天加工而成的材料，例如木材加工改造成夾板
或紙張、棉花織成線布；礦物土石鍛鍊成玻璃、水泥、石膏，或由化
學合成為塑料，加工原料仍是從自然材質而來。

自然材料
未經加工的天然材質，如藤竹。

人造材料
把不同材料聚合或化學加工而成，如金屬、玻璃。

自然材料	人造材料

木材

紙材

藤竹

織布絨毯

水晶

PU 合成皮革

珊瑚

陶瓷器皿

礦石

模具塑料

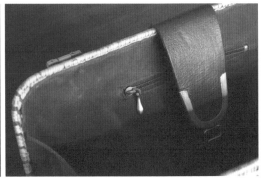

自然材料 ——

木藤素材皆屬於天然材料。編織工藝精緻耐看,有質樸及
獨一無二的手感韻味。木頭則隨時間增加而留下使用痕跡。

人造材料 ——

金屬素材隨著時間氧化後呈現的自然肌理質感，可視為材質變化之況味。

玻璃素材質地透明，亦可霧面噴砂，各色玻璃製品皆有不同風情，刻花紋飾亦選擇豐富。

　　　　　陳設美好的生活 The Pursuit of A Better Life

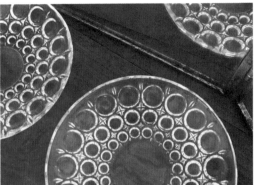

〔裝飾〕 Decorate

陳列裝飾是從何時出現的呢？在1991年的南非開普敦，發現一座7萬3千年前的布隆伯斯洞窟（Blombos Cave）。其中一塊4公釐長、帶有9條縱橫交錯紅色刻痕的矽結礫岩碎片，可能是至今人類最古老的「畫作」遺跡。含鐵的赭石研磨後，會變成微紅的油漆，採集者收集礦物顏料混以魚骨粉、石油、製成油漆一樣的製品，當時用於繪畫祭祀或塗抹皮膚等宗教裝飾行為。

這個洞窟裡出現人類最早的裝飾行為，宛如藝術家創作的工作室。世界上最早的容器，就是在這個洞穴裡製造的鮑魚貝殼，用來收藏赭石顏料的。

對於當時的智人來說，使用穿孔的貝殼來做飾品，是出於敬畏大自然的宗教崇拜，也是裝飾藝術的雛形。而崇尚美感有各種含義，都是人類出自本能的一種自然演進。漫長的人類歷史演進中，陳列設計應用直到十九世紀晚期才算開始，但是從洞穴中的智人行為發現，擁有創造力是人類的本能，在演進中，這樣的基因被保存了下來，裝飾是有含意的受到大自然的啟蒙，為人類開拓文明。

裝飾物件是一種人類創造力的自然發展，對美感視覺理當有加分的效果，而多餘的裝飾則會使物件的本質被掩蓋掉。世上最早的容器是用來裝盛東西的，只有實用的功能，但是無法滿足人們對於美的追求，因此後來產生了各式各樣裝飾的工藝與技法。現在光看物件外觀、色彩與裝飾的搭配，就需要經驗累積的觀察辨別，藉以提升更細膩的選物眼光。

工藝美的裝飾、精緻細膩的技法，本身就是工藝品，但過於喧嘩而完全掩滅物件本身的美感的話，就不如不要裝飾。有些外觀裝飾過多的物件，一時看起來很漂亮，但長期下來視覺容易感到疲憊，無法耐看與長期使用。能夠襯托而不是過度點綴，裝飾才有意義，能為物件本身加分。

形式不錯，色彩也對，質感很好，卻多了很多不必要的裝飾，這也是常常遇見的問題。漢寶德在《漢寶德談美》[13] 一書說：「裝飾是美嗎？答案是肯定的，在我們內心深處，美是不平凡的，裝飾是一件使東西顯得不平凡的方法。」

所以裝飾的精髓，並不是錦上添花，千萬不要為了凸顯某處的搶眼度，而選擇了過度花俏的裝飾，如青花瓷器的繪畫裝飾，由於現代工藝進步，在瓷器上可以大量印刷生產，但也有因為粗糙的印刷技術而影響外在質感。

繁複又華麗的外在裝飾，需要更細微的觀察，有的畫工精緻成為藝術品，豐富紋飾固然能吸引目光，但是熱鬧的圖樣總有讓人視覺疲乏的時候，具美感而耐看的裝飾，才是一種加分的好選擇。

看物件的外觀裝飾，需觀察是否恰如其分，還是畫蛇添足的華麗裝飾，因為裝飾的好壞關乎整體效果，多欣賞觀察，累積鑑賞能力的經驗，當我們要欣賞辨認良品時，還是先回到本質，才能見到真正的原型美感。

---

13 《漢寶德談美》，漢寶德著，聯經出版，2018 年。

台灣早期的手工繪碗，以薄水色為底，白點襯葉，畫工簡簡單單，卻有樸實自然的古拙韻味，其裝飾作用簡單，功能還是依食用餐器為主，經過四、五十年的歲月歷練，顯出古早沉穩的趣味感。

台灣早期民具用碗，
古拙樸實的裝飾。

細膩的構圖，精湛的畫工手藝，相較精緻的龍鳳圖樣繪碗，與實際使用餐具的需求功能性比較，儼然較偏向藝術收藏品。此兩者皆有美的本質，截然不同的況味風韻，裝飾一環，也是美物賞析之樂趣。

大清雍正仿康熙官窯碗，有細膩精緻的畫工。

搭配的掌握重點説明

我們就「形式、色彩、材質、裝飾」來比較美的成因，在不同物件與情況下，也會有不同的條件比例。例如，臥室裡的寢具抱枕等家飾物，對於親膚質感的講究，也許會勝過裝飾點綴的重要性。對於寢具的造型、色彩要求，同樣以簡單沉穩為主，因為減少視覺疲勞，反而可以營造更舒適的睡眠空間。

因此，在物件美感的搭配上，就會建議從功能上的本質來考量。假設想要購買一個適合餐桌的花器，就先考慮擺設花器的空間，再來預設花器的尺寸大小、挑選適合的花器造型。這時候形狀大小的考量，就可能先優於材質色彩。所以對於美的條件看法，是會隨著對於物件的要求與效果來權衡的。

1. 化繁為簡：避免眼花撩亂

「何物為美，如何為美？」皆有不同等分上述之成因，生活中所需物件繁多，化繁為簡，是一種方式。為何市面上販售餐具時，常是成套的組合？因為同一系列的餐具，同時搭配多種不同的菜色，比起眼花撩亂的多種餐具樣式，會更有整體感，並且較容易有整潔秩序、乾淨清爽的美感。

2. 重視質感：講究時間考驗

重視質感能讓物件更耐用。色彩繽紛、花俏飽和的圖樣，乍看討喜，引人注目，但往往不見得經久耐看，因為時間考驗著視覺感受，看久了容易讓人感到厭倦。因此過度繽紛的色彩圖樣、造型殊異的用物、質量較差且容易損壞的生活道具，就比較容易遭到丟棄汰換，反而形成一種浪費。

化繁為簡

藉由統一色系的餐具，
創造乾淨舒適的飲食感
受。透過慢慢嘗試搭配
餐具，以自己的風格創
造餐景一隅，也是生活
樂趣。

重視質感

自己看了喜歡、質感耐
用的生活用物，在可以
長久使用的當下，也是
生活中的環保之一。時
常使用的日常物件，便
有了更講究的理由。

環境搭配

佈置物件彼此是有風格關聯的，
好比化妝時，會考慮臉部各個部
位妝容的色系與整體性。家具之
間也是，會有相容的某一部份，
讓整體看起來和諧舒適。

搭配邏輯

餐桌上的擺飾，多以花卉水果、
盤碗花器等為主，餐桌適合用天
然素材妝點，可以增添食材的新
鮮感與大自然的用餐氛圍，太過
複雜的裝飾易干擾食慾。

3. 環境搭配：重視整體感

再美的物件，也要放對位置。日本色彩學家加藤幸枝每到一個國家，就會將攜帶的色票拿出來比對環境，累積色彩學的專業。她一面觀察著環境周遭做色彩取樣，視周遭環境為一體，再依環境色系進行建築之色彩計畫，完成兩者相容的美感。一樣好看的物品，也需要恰當的擺放環境，例如珍貴的收藏品，需要大小適合的展示空間，過於擁擠可能會影響視覺美感，或造成雜亂擺放的錯覺。

4. 搭配邏輯：構思搭配效果

所謂的搭配，就是將兩樣以上的物件拿出來一起擺放，這些物件彼此之間，就有了關聯與脈絡，而不是單獨存在的。好看的居家搭配，跟不好看的居家搭配有什麼不同？除了挑選物件之外，也要注重搭與配之間的邏輯，好比書桌上的擺飾物可能與書籍文具、收藏品、紀念品有關；而餐桌上的擺飾，則多為花卉水果、盤碗花器等；臥室擺設則如香氛蠟燭、觀賞藝品為多。搭配之物，彼此之間與環境之間，需要連貫性的邏輯安排，來製造出和諧的視覺效果。

將空間視為一個故事或事件的場景，累積生活經驗來想像居家佈置的需求與邏輯性，建立物件搭配的相容性與脈絡感，絕對是搭配物件的要訣、掌握重點的不二心法。

② 選購居家陳列物與生活道具的十個關鍵

如何選購搭配的家具家飾、陳列道具，一直是許多人心中的疑問，我們先將陳列展示做一個拆解：通常會有一個主角或重點，旁邊使用道具襯托主角，那麼配角是如何選擇的呢？陳列現場就像是說一場靜態的故事，首先要確認空間主題的營造，例如居家餐廳氛圍想要表現溫馨凝聚的豐富感、歡樂相聚的氣氛，為一餐美味的佳餚加分，就可以運用陳設氣氛的安排，創造重視家人生活交流的體驗。

1. 環境聯想

呈現的佈置手法有很多，要彰顯不同特質的主角，陳設就會有很多變化，例如手工感的呈現，就會聯想到原物料，或是強調工作中的場景重現，如茶器、原始天然的感覺，可以運用真實會用到的茶葉、杯盤器皿、托盤及其他泡茶道具等；或重視製作的過程，如果屬於自然感的呈現，就使用植物花藝來陳設，讓人與大自然產生連結。想要呈現精緻感的話，對於道具質感的要求更是不容小覷，像是選擇真實的植物花卉還是人造塑膠花，會有不同的質感考量。

2. 烘托為主

挑選生活道具的要點，就是要記得烘托的原則，所有陳列的道具擺設都是為了點綴空間，讓個人喜歡的居家空間有更完整的情境。裝飾與陳設不宜過多或繁雜，適當地襯托主題才是要點。找出空間的主角，然後根據主角設定找尋適合的家飾配件，陳列佈置就像妝髮的搭配，是有重點性的強調、烘托優勢。

3. 物件與背景的材質搭配

素材質感也是有表情的，當我們想凸顯某一樣物件的特色時，往往可以依靠背景的質料去提升氛圍，例如皮革具有原始野性、高級面料的特性，而絨布則有高貴奢華的氣息，木頭背景則適合樸質溫暖的感覺，首先要看主角物件的本質特性，再考慮背景或展台適合用哪種材質及表達方式。

例如玻璃物品的特性就是穿透感，當背景採用深色系的時候，就比較容易襯托出物品的貴氣感，而淺色背景則比較清爽自然；其他如金屬材質的亮澤度、木料沉穩的色澤紋理，無論是哪種搭配的風格素材，唯有先將空間的品味定調，確定想要強調的視覺主題，選定材料、色彩規劃，才能建構完整更具想像的生活畫面。

4. 概念先於素材

預算低就一定做不出好陳設嗎？那可不一定。好的視覺來自創意與概念，素材是為了表述而安排的手法，當預算有限時，可以尋求不同質感的素材去嘗試，例如壓克力板、合成板、原木料板都有相當大的價差。素材的選擇與預算之間的協調，以呈現概念為主，環境陳設可以善於變通，在有限資源內發揮靈感的巧思，不拘泥於限制。根據過去改造居家時的經驗，保留八成舊家具，加上兩成新成員的搭配，其實就會有一定的改變效果喔！

5. 物件需要合適的位置

其實許多家具物件，都是出自主人喜好的風格，沒有好壞對錯，但有可能因為放錯了位置方向，就影響動線或造成很差的視覺效果。而雜物會亂大部分是因為少了收納空間，因此需要先以整體環境作為考量，擬定出動線，只要功能合適，任何櫃子都可以作為玄關櫃，而且櫃子不一定要靠牆，也可以試著當作半牆製造空間中的屏障感。陳設不需要拘泥家具名稱，可就家具本身的量體及功能為優先考量。奇想妙思的來源，就是不限制這個家具叫什麼，而是用自己需要的方式去使用家具。

6. 盡可能利用環境本質

環境哪裡有優點，就利用佈置凸顯，有限制的缺點時，就利用家具本身的質感材料、藝術性、裝飾價值、色調質感去佈置居家。居家陳列是一種安排、安頓的思考方式。陳列的佈置需求，並非眼花撩亂地呈現，需彰顯優點而非掩蓋，盡可能地將物件擺放在對的位置、對的動線、對的區塊裡，讓物件本身能發揮最大的使用價值，沒有在使用的物件則需要斷捨離，就像日本整理專家山下英子說：請以感謝的心情送走它們（回收或贈與）並迎接新人生。

7. 善用道具 & 照明燈光

在陳列設計的範圍裡，除了購買現成的道具之外，特殊需求的日子像是家庭派對、生日派對等，可以訂做的設計製作物也不少！視覺海報、花卉裝飾，道具製作、海報印刷等製作物，或利用燈光照明創造驚喜的視覺效果！還有到府服務的氣球裝飾設計公司都是善用道具的優勢，讓設計元素又更多選擇了！

8. 自己喜歡的生活道具

在器物的購買上，怎樣的選購方案會比較適宜，獲得家人青睞呢？答案是被認為不可或缺、有值得購買的說服力。「情況」永遠是比較而來的，因此適宜的、有功能性的、非一次性消費、可能有其他用途的附加價值，或是物超所值的道具，都會增加購買吸引力。例如餐盤餐具使用頻率頻繁，可以日日觀賞使用，這時候就可以好好的選擇一番。植栽類的擺設，只要環境適宜，照顧得當，通常都可以穩定地長期相伴。用自己喜歡的生活道具，才會讓人珍惜善用。

9. 多看多逛多觀察

陳設有三大，多看多逛多觀察。知道這件東西比較好，是因為看過了無數件而得到的經驗，就好比美食家，吃過一百種相同料理跟吃過十種相同料理的眼界，對於美味的認知可能就不一樣。以藤製家具為例，近年來因為大眾有親近自然風的環保意識，而再度流行起來，但不見得就是每一件藤製品都好看，假設已經累積看過無數樣式的經驗時，自然能分辨不同、明白其中的無形價值，當欣賞變成鑑賞，就會是一件很有趣的事。

10. 培養自己的店家名單

對於採購店家的風格，需要保持多樣多元的選擇。除了採購，陳設也會運用到清潔、油漆、運輸等等配合廠商，對於趨勢潮流、建築材料、流行色彩、家具選物店也要有一定的了解。可以從生活中多逛多看，參觀展覽、翻閱雜誌或是從線上平台得到更多設計的靈感，建議時常更新資訊，培養屬於自己的店家採購資料庫！

1 / 〔環境聯想〕

裝飾與陳設不宜過多或繁雜，物件之間彼此要有脈絡，適當地襯托主題才是要點。

2 /〔烘托為主〕

茶壺、香料搭配棉麻桌布的天然感,竹製層架或編織材質,合理的安排,可以烘托自然人文的氣氛。

3 / 〔物件與背景的搭配之一〕

生活中有許多不同素材的物件，搭配形式與色彩，展現出各有不同
風貌的質感，豐富了日常道具的表情。

1 西班牙石膏鹿角標本	5 小木屋手工雕刻盒
2 美製老件鐵架	6 早期木馬皮革擺件
3 深墨綠金屬桌燈	7 昭和弧形玻璃木鏡
4 花卉青花瓷胭脂盒	8 天鵝絨布古董刷具

3 /〔**物件與背景的搭配之二**〕

同一只瓷器茶杯搭配不同的素材背景，有著各不同的視覺感受。

編織素材
東方、情懷

蕾絲素材
西式、浪漫

編織素材
簡單、自然

水泥素材
工業、質樸

色塊素材
現代、都會

金屬素材
剛性、性格

木質素材
溫暖、手感

礦石素材
氣派、奢華

4 / 〔概念先於素材〕

利用藤籃當桌腳，葉片作餐巾，想要盡量發揮創意或預算有限時，
可以尋求不同質感素材去嘗試。

巧思妙想變化於生活之中，隨手可得的物品
皆可自由發揮使用，不限於既定的方式。

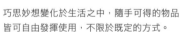

5 / 〔物件需要合適的位置〕

以環境整體作為考量，擬出動線與視覺風格，先將同樣材質或相同功
能性的物件整理歸類，再逐一擺到合適整齊的位置。

BEFORE
整理前

相同材質的物件
歸類中。

AFTER
利用同樣木箱堆疊成為櫃子，再將花卉分類擺好，
背景黑板寫上手寫字，以寫字桌為展台主角。

6 / 〔盡可能利用環境本質〕

看似荒廢的露天後庭院，有著自然陽光、雨水和風的本質優點，將壁面簡單刷上白色防水漆，再加上細小的鵝卵石，就可以成為舒適的愜意庭院。

AFTER 整理後

善用道具的優勢，如鐵梯層板、花藝植物、木板與鋁架結合，搭配適
合夜晚派對的照明氣氛，讓設計元素又更多選擇了！

8 / 〔**自己喜歡的生活道具**〕

挑選適宜的、有功能性的、不是一次性消費的、可能有其他附加價值
的物件，例如日常用具，需要良好品質的耐用度，這時候就可以好好
的選擇一番。

累積看過無數樣式的經驗時，自然能分辨不同，明白其中的無形價值，即使美感有時候是一種個人喜好，但有價值所在的物件，不會輕易被埋沒在角落裡。

福和橋下跳蚤市場，是大台北地區非常有趣的二手市集之一。

常看喜歡的雜誌書籍，
無論是哪一種居家設計
雜誌，對擺設參考都很
有幫助。

日本　藤竹木製屏風

屏風是室內用來擋風、隔間或遮蔽的用具，有單扇、多扇之
分，利於折疊收納。材料多有木製、竹、藤等天然質材，展現
不同的編織與造型工藝。

台灣　藤葛竹製編織沙發

早期台灣製藤家具發展興盛，藤竹製品經久耐用，重量輕盈方便移動。藤竹鐵木皆會因年代久遠，而帶有不同色澤，也有多樣形式與精湛編織工藝。

10 /〔培養自己的店家名單〕

從生活中多逛多看，例如參觀展覽、翻閱雜誌、從線上平台得到更多
設計的靈感，時常更新資訊，培養屬於自己的店家採購資料庫！

③ 擺放日常的生活藝術

早期陳列的起源，除了是使商品更好販售的商業之術，在十九世紀博物館、宗教宮殿和藝術展覽上，亦發揮著引導的作用。而如今在營造生活品質上，有各式各樣不同的陳設風格，豐富了人們的內在生活。

為什麼陳列設計時常被誤認為是室內設計的一部分？因為人們生活最相關的擺設需求，就屬室內環境為優先。我們可以把室內設計分成三個部分來理解，分別為：建築、室內、陳設。

Wikipedia對室內設計這麼定義：「Interior design is the art and science of enhancing the interior of a building to achieve a healthier and more aesthetically pleasing environment for the people using the space.」室內設計是增強建築物內部的藝術和科學，為使用空間的人們創造一個更健康，更美觀的環境。

我們可以理解，建築本身是利用建築界面所圍合形成的空間構成，由於建築結構和特性不一定合適人們的生活需求，所以室內設計是依據建築界面——天花板、地面與牆壁內所限定的空間改造，它的再裝飾目的是完善建築物的內部環境，並依照人們的需求，對空間形態進行規劃與調整。

室內設計改變了空間的形狀、分布的比例外，還有規劃裝修來滿足外觀的塑造。當空間裝修完畢，接著對於室內家具、家飾、可移物件、

牆面色彩的風格調性和家具位置做規劃與安排，搭配家具的大小尺寸做選擇、為窗簾的顏色做決定，同時顧慮室內物理環境，考量是否能滿足功能需求，如光照、通風濕度、環境動線和人因工學等，這些關於環境擺放與選擇的部分，便稱做居家陳列設計。

在建築構成室內，室內構成需求，需求構成陳列的流程之下，三者缺一不可。人們以為裝修後就完成了室內設計，實際上透過陳列佈置，選擇使用的器具物件來代表自己，又是一項偉大的工程。

我們重視建築，原因是我們認為自己在不同的地方，
就會成為不同的人。

―― 艾倫·狄波頓

〔 陳設的原則 〕

陳設的原則，是相信每一樣東西都其來有自的，輕易說丟棄，或是重新採購對很多情況來說顯得比較不實際。讓「原本功能與外觀」的本質發揮最大值，選擇合適的佈置方式，更可以傳達生活的豐富表情。如果能理解自己的興趣喜好，按照個人的特質去尋找合適的生活道具，就更能感受到居家佈置的美好。

陳列設計是由「人（user）、物（stuff）、空間（space）」三者建構而成，沒有空間便無法成立擺放的要件，陳列設計的構成是由服務對象的需求而來，有一定的目的，並藉由物體或事件表達出來。「人、物、空間」三者加總的需求場合可不少，類別也不盡相同，所以陳列設計是有意識的擺放東西、指引與投射訊息，在各種不同的場合裡發揮不同題材，達成目的需求。以下是「人、物、空間」在陳列設計中的內涵：

人（user）

為何沒有人，陳列設計就無法成立？陳列設計的擺放方式是由觀者的需求而來，例如在婚宴喜慶上，花藝佈置講究歡樂溫馨、或者高貴莊重；在美術館裡，策展陳列要注意動線、作品的觀賞舒適距離等；在居家臥室，要好入眠，就要有能夠穩定、療癒內心的陳設。這些都是需要注意人們感受的地方。即使是擺給自己覺得好看的房間佈置，也有包含「自己」本身的這個對象。

一場好的陳設佈局，是來自設計師豐富的內心投射、客觀的深度解讀，從設計者的思維出發去考慮陳設對象的感受，進而表現在物件上。因此「人」成為陳設空間的隱形主角，是物件陳設真正想表達的對象，「人的感受」是陳列設計中不可或缺的主要訴求，除了商業行銷的客戶對象，居家環境也同樣重要。

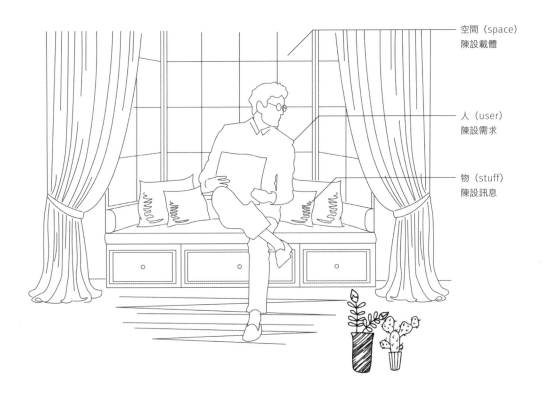

空間（space）
陳設載體

人（user）
陳設需求

物（stuff）
陳設訊息

陳列設計由「人（user）、物（stuff）、空間（space）」三者建構而成，沒有空間便無法成立擺放的要件，構成是由服務對象的需求而來，有一定的目的，並藉由物體或事件表達出來。

物（stuff）

藉著物件本身的含義，透過安排組成而有了「更多更完整的含義」。例如，在櫥窗裡放一堆稻草可能還沒什麼感受，如果再放幾隻羊，加上一些木柵欄，點上燈泡，再放一個小嬰兒，大家很快就知道這代表聖誕節。有時候「物」代表任何符號、含義、事件的脈絡，陳列設計就是藉由「某物」表達信息。

空間（space）

除了明確以長、寬、高定義出的三維空間之外，空間也有「場合」的意思，例如：靜謐的茶室場合、嚴肅優雅的會議場合、溫馨浪漫的婚宴場合、療癒心靈的居家場合等。空間之於人與物，明顯有氣氛與功能性的不同。視不同的空間場合就有不同的擺放需求、思考方式和預算規劃。簡言之，陳列設計中必須要有對象——「人」，有事件——「物」，再加上有場合——「空間」，三者構成一個企劃目標，就是陳列設計的基本原型。

文明進步，人們的感受力隨之提升，也注意到了舒適生活可以帶來的療癒感受，於是越來越重視居家空間佈置，陳列設計因而受到注目。在陳列設計中，應通過視覺的安排，引導人們的感受，提升生活品質，或以視覺設計帶動商業績效成長，為人們傳遞訊息，提升無形價值，追求更進步的社會發展。

我們透過視覺獲取信息，陳列設計則是透過物件表達信息，這就是陳列設計中最主要的世界觀。

借物達義是佈置脈絡的重點，因此連貫主題的搭配，才能完整表現裝飾的意涵。

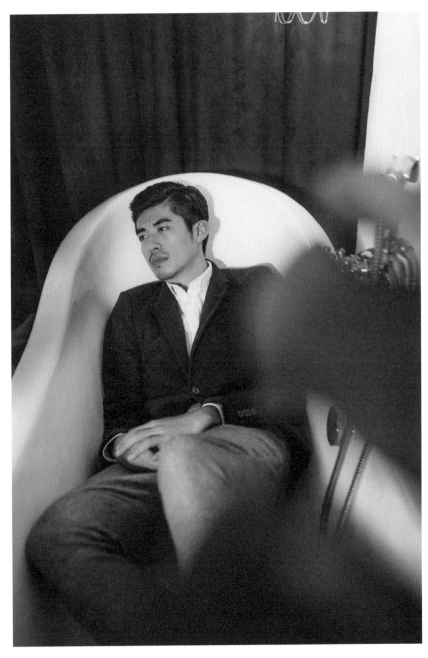

「 觀看先於言語。孩童先學會觀看和辨識,接著才會說話。不過觀看先於言語還有另一種意涵。
藉由觀看,我們確定自己置身於周遭世界當中。」

—— John Berger

Photography:Karren Kao

Space:Seclusion of Sage

① 讀懂文化與風格特徵

風格的英文「style」，是由拉丁文「stilus」及希臘文的「stylos」合併而成為「stylus」，原意為書寫及雕刻的工具，起初是描述作家的書寫風格，十六世紀時成為一種文體風格，十八世紀初演變為一種構造的技巧及方法，到了十九世紀，「style」已演變成為建築裝飾上的一種獨特特徵了。《牛津詞典》將「style」解釋為「具有特徵的感覺」，可以指某一種說話方式、做事的方法、某一種文體的特色，或是藝術家的風格、某一時期藝術的特徵或歷史地域特性。

當我們了解陳列設計的作用，接下來就要學會表達設計。陳列設計是一種藉物指意的規劃安排，因為經過深思熟慮後，所挑選出來的物件，能夠營造出各種不同的氣氛，帶給人們舒適愉悅的感受。無論是重現場景或是原創設計的陳列，想要認識風格的歷史，理解每一物的風格特徵與文化背景，都是一種相當值得探討的學習。

陳設風格（style）是一種具有時代特徵的風貌，早期室內裝飾的概念是由建築主體所發展出來，建築形式和室內裝飾的風格表現一致。人們將西方建築依照歷史的演進劃分，包含古希臘、古羅馬、文藝復興、巴洛克、洛可可、古典主義、現代主義等，並常在字尾加上「style」一詞，說明各個時代的特徵，以此代表不同時期的建築「風格」。

風格，同時等於「易辨識」的意思，在某一時期裡，當年最流行、受到歡迎的經典款式便成為「時代風格」，會留給人們最深刻的印象！

《陳列設計》[14] 作者常大偉說：「我們可以看出陳列設計風格是指在一定時期內，室內陳設所選用不同的造型形式、裝飾手法、材料等物品進行室內的裝飾、佈置，反映出不同的特徵、格式，形成室內裝飾的風格和神韻，具有時代的共性。」風格是一種完整的觀點，一切講究地很透徹了，自然散發與眾不同的獨立樣貌，形成特色。

室內陳設風格是依據建築風格發展而來的，每個國家的氣候風土、人文風俗、民間習慣都有屬於自己的樣貌文化，因此室內樣式及裝飾喜好上有明顯的區別性。目前由於國際貨運流通便利，人們越來越重視個人風格，因此當代全球室內設計趨勢，成為不同國家及產地的風格混搭，創造出新世代的室內陳設喜好。

《構成》[15] 一書的作者楊清田提及：「創造力（creative ability），其實就是指『擴散思考的能力』，經過擴散思考而表現於外的行為，就代表個人的創造力。」我們略舉現今趨勢來說明，以下將有幾種風格鮮明的代表。

[14] 《陳列設計》，常大偉著，中國青年出版社，2011 年。
[15] 《構成》，楊清田著，三民書局，1997 年。

〔 **熱帶南洋風格** 〕 Tropical Style

台灣氣候介於熱帶與亞熱帶之間，位於高溫氣候的熱帶植物，以及依其韌性編織產出的家具，直接在材質上表現熱情的感覺；植物藤編、熱帶風情，取自大自然的素材，帶有材質上明確的重點。在採光明亮的空間中，想像生意盎然的植物雨林，有鮮明愉快的色調，陽台上擺著一把印度殖民時期的藤椅，編織工藝的造型如同孔雀開屏，也可以是擺放維多利亞時期玻璃暖房內的華麗躺椅。

因為陽光充足的氛圍，植栽、自然光、搭配色彩飽和的色系是基本元素，可以使用編織地毯、原木材質家具和有異國情調的圖樣織品，或是用香蕉纖維製造的椅凳，展現獨特的顏色和編織紋理，讓整體自有熱帶氣息；裝飾帶有明顯的熱帶風格，特徵就是置入熱帶國家氣候之下的產物：大中型植栽、天然編織物、木質家具和鮮明的色彩。

藤製家具，是最古老的家具種類之一，早在十七世紀傳入歐洲。生長於熱帶森林中的棕櫚科省藤亞科植物，製成藤條有堅固輕盈、韌性強、可塑性高、傳熱度低的特色，做成家具則提供冬暖夏涼的感受，被廣泛運用於全球家具設計中。

由於原產於熱帶地區，在非洲、亞洲、大洋洲皆有分佈，因此帶有特別的南洋氣息情調，充滿熱帶特色。藤製家具以天然素材表現精湛的編織藝術，其幾何紋樣、款式造型皆有豐富美感，結合工藝技法、耐用與好保養的特性，讓一張好的藤編沙發能夠歷久彌新，在時代更迭的歷史潮流裡，具異國情調與自然的風格，仍舊在全球趨勢中受到眾人喜愛。

編織座椅帶有殖民風格的異國情調，搭配印度抱枕、竹編屏風、蕨類植物和
多肉仙人掌，彷彿充滿在熱帶環境中生長的氣氛。

〔**新中式風格**〕 The Neo-Chinese Style

中式風格講究意境，明式家具的留白與結構為經典款式；新中式風格則以時代經典特徵、工藝匠法的藝術感來表現，使得舊有款式家具能在現代生活被重新演繹。被稱為「新中式風格」，意指保有東方特質的經典樣式，形式經過設計師的內化，簡約了傳統複雜的裝飾，將古典家具轉化成當代氣息的現代風格，以舊為新、化繁為簡，是現代與過去，融合出的東方感折衷主義。

無論是中式藝術品、書法字畫，都可以在空間恰當之處作點綴，如今現代家庭鮮少購買整套的中式木雕沙發、明式家具、紫檀木擺件等，所以推薦運用一些帶有東方風情的裝飾品，為空間打造和諧的東方風情陳設光景。

像是1949年由丹麥設計師Hans Wegner為Carl Hansen & Søn設計的椅子Wishbone Chair，又稱作「Y Chair」，靈感來自中國明式圈椅變化而成，是新中式風格一個非常經典知名的例子，至今仍受到歡迎。傳統的中式家具裝飾感意味濃厚，工藝繁複，木製家具體積也較龐大，因此新中式的重點，就是簡約優化，以符合現代人的審美觀及實用性。

如果也喜歡這樣溫文儒雅的靜謐風格，可搭配中式捲軸字畫，中國書法講究運筆有力，現代的人們將其看作一種黑與白的平面構圖，用這樣的眼光去欣賞作品，便不覺得老氣橫秋。字畫之外，帶有東方樣式的建築形式，例如王大閎住宅的「圓形端景」，成為意境完整的室內設計，也是經典的新中式風格。

書法字畫、球型吊燈、
中式藝品，成為帶有東
方氣息的裝飾風格。

棲仙陳設選物所 / 靈感來自建築大師王大閎自宅與中式園林端景。

1949 年 Hans Wegner 以明式椅為靈感，設計出 Wishbone Chair，又稱作「Y Chair」。

字畫簡練的線條，成為現代東方的裝飾風格。/ 字 林演。

〔 **現代侘寂風格** 〕 Japandi Style

侘寂美學（Wabi-sabi）是日本傳統美學中顯著的特點，源於佛教三法印的概念，被描述為「不完美的，無常的，不完整的美。」侘寂的特徵包括不對稱、粗糙或不規則、簡單低調、展現自然的完整性，以及具有手感與質樸的特色。

Japandi是日式（Japanese）與斯堪地那維亞（Scandinavian）結合而來的單詞，令侘寂哲學的講究境界，增添了些許北歐式的溫暖與寧靜。溫和與自然，平衡與自在，簡單素雅的質料氣息，讓人對大自然懷有敬意，所以利用木材、內化自然的模樣，來製作能使用長久的物件家具。此風格在人們的心靈生活中，融合了包容的溫暖情調。

回歸自然的概念，在全球蔓延開來，一方面是因為人們越來越重視環保，因此在生活上也會希望與大地自然共存，在材質使用上，偏向陶土、泥作、木頭、石材等帶有粗糙質感的原生樣貌，色調上則運用如大地系的赭紅、褐色、土黃、橘紅等，搭配植栽點綴，以質樸的手感，加上溫暖的色系，讓人們更能感受自然氛圍。

另一方面，人們發現無論科技怎麼進步，內心始終嚮往著大自然，像是種植植物，插上花藝，都是為了與自然親近，以美化環境的方式來讓心靈感受平靜。因此搭配上使用較為原始材質的物件，例如陶土罐、手工織品和自然藤竹製品等，接近土壤大地的褐色系、陽光餘暉的橘紅色系，各種的自然環境色、重視手感的物件，都能營造出現代簡約的自然侘寂，卻又不失溫馨平靜的風格感受。

使用較為原始的材質物
件，如木料、自然藤竹
製品，可以為環境帶來
自然氣息。

現代侘寂風格接受與萬物自然共存，整體更加地溫和。
色調統一，家具材質更加簡約天然。

〔**歐式風格**〕 European Style

歐式風格是古典風格之一，具有歐洲傳統藝術文化特色。因為源於歐洲宮廷貴族的室內裝潢，宮廷裡的天花板一般具有挑高的壯闊感，因此在牆面或天花板以細膩工藝的線板做裝飾，故歐式風格的裝飾意味較為濃厚。此風格從洛可可時期橫跨至新古典主義，如今有更多變化，即使應用於現代生活，風格上仍展現對於過去的嚮往，融合現代的精神，整體保有原始的浪漫風貌，氣息優雅而作工精緻。

歐式風格常見元素有：

線板：帶有歐式風格，現代裝潢也經常使用線板來作為視覺上的層次設計，可用於鑲板線、腰線、天花板角線、地腳線等。線板有許多現成品可選擇，通常是由中密度纖維板類壓製而成，不易變形、質輕，可以搭配與牆壁不同色調的視覺效果做變化，如今持續地受到歡迎。

羅馬柱：多力克柱式、愛奧尼克柱式、科林斯柱式是希臘建築的基本柱子樣式，也是歐式建築室內設計顯著的特色。

台灣八〇年代製造大型石英磚後，歐式風格在每家每戶蔚為風潮，其反光閃亮的華麗材質，成為一時之選。拱型也是歐洲門窗經常會採用的形式，因此歐式風格裝飾性質的塑造，從天花板、壁面到地面都能看得到應用之處。依據時期，歐式家具可分為古典風格、巴洛克風格和新古典主義等常見風格。傳統的元素例如貴妃椅、絨布釘釦沙發、水晶吊燈等，展現奢華的宮廷風貌；如今新古典主義追求的精神，是強調人的居住性、功能與唯美並存，更有北歐、田園、地中海式等類別，為居家空間增添各種不同的歐式風貌。

壁面線板在歐式風格裡
是不可或缺的特色，美
觀且選擇眾多。

拱形的門窗及歐式的擺
件，讓人彷彿置身在歐
洲的街道邊。

〔 **全球風格** 〕 Global Style

全球地域廣大、民族眾多，文化擁有多樣性，對於一些藏家來說，蒐集不同國家的收藏品進行混搭（mix & match），特別能展現個人的興趣與喜好，因此不同文化風情、充滿個人色彩的藝術佈置，是近年來崛起的風格。另外，自我意識成長、藉由旅行更認識自己的心靈旅行趨勢，接受更多的異國文化，對於混搭風格也有推波助瀾的效果。

全球風格的潮流，以實木、藤竹、自然素材為根基，混搭東方風味的設計，具備強烈的新穎感，同時因為注重傳統的變化延伸，在相互交融後成為一種新設計風格。由於熱帶國家盛產的天然材質家具耐用度、實用性高，也是近年來混搭風格的一種創新。

台灣受到多種文化的融合影響，不僅保留了獨特的中式建築、閩式民藝、日治文化遺跡等，也以當代的美感演繹不同以往的設計。這些跳脫了早期傳統的樣式，因為保留東方文化的特徵，開始有了新風貌的誕生。

這樣融合傳統與現代的東方意境，引起國際家具家飾品牌的注意，於是將東方文化融合於不同風格的設計上，挑高的空間、對稱的裝飾設計、藤竹材質的變化，善用當地風土材質的特色，也逐漸形成亞洲風格的新浪潮。例如 Giorgio Armani 從收藏的屏風中獲得東方色彩的靈感，於是有 Armani / Casa的Levante 系列，山水圖畫延伸至沙發及坐墊上，讓東方禪意特色轉化成充滿簡約的風格，透過打破中西藩籬，形成一道別具風味的融合景致。

全球風格並不受限於文
化地域,透過搭配就能
成為嶄新的樣貌。

Global Style 被稱作全球風格，意味著不受限於國家
文化、地域性的折衷主義，也稱作混搭風格。圖中以
台式藤編沙發為主，搭配泰國靠枕、德國普普風燈飾、
中式青花瓷及印度抱枕等創造異國情調。

〔斯堪地那維亞風格〕 Scandinavian Style

人們熟知的北歐風、全球知名的功能主義設計，也就是斯堪地那維亞風格。斯堪地那維亞（Scandinavian）原意為「海灣人居住之地」（land of the Vikings live in.），由於國家長期處於冬天漫長寒冷的氣候中，於是風格設計以極簡、強調功能性為主。尤其人們特別重視採光，也引進大量的木質建材，給予室內空間與自然的連結。

斯堪地那維亞風格的家具設計，充滿天然質材、非大量製作、帶有強烈人因工學元素且具哲學思考的人文特色，這是出自於「lagom」的生活態度，它是瑞典語中意指「不多不少」、「剛剛好」的意思；自然簡約、材質溫潤，是斯堪地那維亞設計帶給人們的印象。設計不僅追求造型美，更注重產品的曲線，就單一張椅子而言，更要講究如何與人體接觸時完美結合，是展現體貼的人因工學。

尤其是瑞典及丹麥設計品牌，形式以簡約實用為主、工法細膩最為考究，以現代充滿哲學性思考的人文溫暖氛圍，搭配現代感十足的家具，適如其分地化繁為簡，將自然材質帶來寧靜沉穩的氣氛，提供人們在空間上療癒般的需求。

北歐冬天寒冷而漫長，氣候反差大，人口密度小而形成的生活環境，使得人們特別重視居家的舒適度。因此空間搭配上喜歡採用自然的材質，注重材料生長紋理和溫暖的肌理感，其設計追求單純穩定、舒適實用。把功能、理性和細緻的做工，以簡潔的形式美感結合起來，在功能主義的基礎上展示出典雅的審美效果。斯堪地那維亞風格，正如嚴冬中的溫暖家居，因兼具實用性與美感，於是成為自在生活而講究搭配的設計代名詞。

斯堪地那維亞風格講究理性美感，重視人與家具之間的關係，
對氣氛講求寧靜沉穩。

〔**曼菲斯風格**〕 Memphis Style

由八〇年代的曼菲斯集團所成立而來，並受到裝飾藝術、包浩斯（Bauhaus）的結構風格、普普藝術（Pop Art）所啟發。這是一群設計師在1981年到1988年間，設計了許多具有影響力的後現代家具、紡織品、陶瓷、玻璃和金屬雕塑品等。而曼菲斯的意思則是來自成員聚集時播放的一首歌：巴布・狄倫（Bob Dylan）在1966年發行的〈Stuck Inside of Mobile with the Memphis Blues Again〉，意指曼菲斯藍調。

曼菲斯風格的幾何元素、波浪造型、彩度飽和與解構後的平面感，鮮明活潑地使用許多符號與圖案去製造對比；比起裝飾意味，這種風格更加重視空間的平衡感，並巧妙組合眾多元素形成美感搭配。跳脫七〇年代極簡風格與現代主義的反叛精神後，曼菲斯風格又再度出現在人們眼前，以趣味鮮明的幾何特色帶起風潮。

曼菲斯的核心人物埃托雷・索特薩斯（Ettore Sottsass）是二十世紀一位重要的義大利建築師和設計師。他的設計包含家具、珠寶、玻璃、燈光、家居用品、辦公設備，以及許多建築和室內設計。他認為：「設計就是設計一種生活方式，因而設計沒有確定性，只有可能性。沒有永恆，只有瞬間。」

孟菲斯設計小組在1981年的標誌性作品Carlton，顛覆傳統設計認知，以原型為形式，歐洲室內設計雜誌《INTERNI》如此評論：「這些家具用塑膠層壓板裝飾，並或多或少帶著明亮的顏色。它們脫離了狹隘的制度化社會規則和文化。」符號、造型、色彩、材質、各式各樣的排列組合，搭配富涵韻律的幾何圖樣，就像是平面構圖一般，曼菲斯風格的特色就是結構、解構、組成為充滿趣味感的空間圖像。

幾何的飽和色系家具、大膽用色的搭配，
更需要重視空間的平衡感。

② 培養風格：擁有喜好與美好的東西

如何培養屬於自己的風格？在生活中累積人文歷史的知識，可以幫助創造陳設元素及掌握風格。風格不但能從歷史裡發掘、從文學裡探究和從氛圍中感受，還可以從不同素材本身識別出各自的況味，因此在生活中就能擷取眾多靈感。

這篇著重以「陳列設計的視角觀點」來描述風格。從重要的西洋家具歷史來看，「沙發」（couch或sofa）無論是古董家具或家飾作工，材質結合造型，並加上產地與年代，通常具有易辨認的特徵，這裡介紹經典沙發的風格原型款式，以及現代沙發設計如何由此變化而來，藉以延伸說明「風格的形成」。

沙發是指一種提供坐席給二到三人以上使用的軟質家具，採用柔軟材料並將它們填充到織物和動物皮中。但起初，這樣美麗舒適的家具尚未誕生，因為人們在中古世紀時的居家概念相當簡單，那時沒有起居室的定義，大家圍著火爐坐在木凳上聚在一起，就是一個房間了。以下列出八種不同時代且有獨特風格的沙發：

© Koshevskyi / shutterstock.com

1920 年代的法式沙發，為裝飾藝術（Art Deco）的華麗風格。

〔十六世紀 貴妃躺椅〕 Chaise longue

法語的「Chaise longue」，意思是「貴妃椅」，由於當時法國貴族對於服裝很考究，穿著華麗的貴族需要休息時，為了減少行動的困難，可以躺在貴妃椅上小憩。貴妃椅於十六世紀在法國開始流行起來，精緻華麗的作工由法國家具工匠製作，十八世紀洛可可時期，貴妃椅成為社會地位的象徵，宮廷中使用最稀有以及珍貴的原物料製作，使貴妃椅華麗的材質與風格有奢華的意味。貴妃椅被視為現代家居的法式奢貴風格，作為沙發風格的形式而言，通常運用於凸顯家具造型，營造浪漫華麗帶有古典氣質的氛圍，如客廳、臥室或起居室。

Méridienne椅，名字來自它的典型用途：在太陽靠近子午線的中間休息。只有在躺椅長邊的一側有靠背（用於傾斜身體的一側），不對稱的造型，一邊有高頭枕，一邊為較低的日間床。Méridienne椅在十九世紀初的法國大房子裡很受歡迎。

Récamier椅，以法國著名沙龍女主人Récamier夫人的名字命名，將嚮往古羅馬帝國的帝政風格（Empire Style），化作新古典主義風格，前後兩端皆有靠背。

LC4椅，1928年由法國建築師Charlotte Perriand設計，承襲其老師柯比意（Le Corbusier）的現代主義風格，前衛大膽的造型搭配了可調整的椅架支架，可依需求調整滑動弧形鋼管的角度。此款又名為B306，在當時被視為指標性的現代設計傑作，永久蒐藏於美國當代藝術館。

Méridienne 椅，只有單邊有靠背的貴妃椅，又稱日間床。

© Fotik1989 / shutterstock.com

Récamier 椅，以法國沙龍女主人 Récamier 夫人為名的雙側邊貴妃椅。

© rtsimage / shutterstock.com

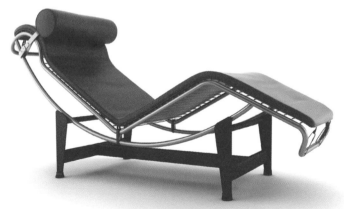

LC4 ／ B306 Chaise longue，發想來自坐臥兩用的貴妃椅沙發，展現了被視為國際風格的全新理性美學。

© Maksym Bondarchuk | Dreamstime.com

〔十八世紀 卡布利爾沙發〕 Cabriole couch

此款沙發款式的由來，是從單椅的大小開始發展。過去宮廷貴族的單人椅因為不足以應付越來越多的賓客，於是沙發的寬度體積開始延伸，寬度越來越長，成為了可愛滑順的法國宮廷特色造型。

溫柔如童話般的卡布利爾沙發，流行於十八世紀，有優雅嬌小的造型，帶有法國路易十五時期的洛可可經典曲腳。從靠背到扶手處有木框架，加入富涵曲線的線條雕飾。扶手略低於靠背，傳統用法是只鋪設軟墊不放靠枕，現今則有更多的變化設計與搭配。這款經典的造型適合打造華麗精緻的外觀，柔軟面料和天鵝絨的軟墊都增添舒適高貴的氣息。

1730年代，洛可可（Rococo）風格在法國高度發展，並受到中國風的影響。這種風格從建築、家具蔓延到油畫和雕塑。「Rococo」這個字是從法文的「Rocaille」（小石子與貝殼製成的室內裝飾物）和「coquilles」（貝殼）合併而來，相較於前期的巴洛克與後期的新古典，洛可可反映出當時的社會享樂、奢華和濃厚的裝飾風格，其中以更多曲線及自然形態表現在精緻的雕工、柔軟的淺色調，細膩與輕快的風格設計，受到上流社會的喜愛。洛可可風格在法國迅速蔓延至德國和西班牙等地區，後來不再只是皇宮貴族的專屬特色，而是融合出獨特的風格。

© legoe.S / shutterstock.com

© remuhin / shutterstock.com

卡布利爾沙發延伸出的
法式風格,帶有童話故
事般的浪漫造型。

〔十八世紀 齊本德駝峰沙發〕Camelback sofa

湯瑪斯・齊本德（Thomas Chippendale）是十八世紀最偉大的家具設計師之一，1718年出身於英格蘭東北部的約克郡。他的作品帶有中式家具的曲線線條、中國漆器工藝的風格。1754年齊本德所著的《家具指南》（The Gentleman and Cabinet Maker's Director），使得他的設計在歐美有廣泛影響。《家具指南》由於觀念獨特，出版之後立即風靡英國，甚至影響到美洲殖民地，其中眾多經典設計沿用至今。

駝峰沙發最經典的線條就是靠背處如駝峰般的弧度，兩邊略矮，中間呈弓形的凸起。如今是美式或歐式家具中最常用的沙發款式之一，也因為加入一些元素的變化，增添了不同風情。

設計上結合西方木製家具的形式、造型保留歐式古典的雕刻，但是表面會覆上漆器塗料，並且描繪東方風圖案，例如黑底描金邊，表現出西方人對神祕東方世界的印象。齊本德式家具的風格，當時是設計界的主流，流露出法國洛可可式、中國式、哥德式、新古典式等融合風格，展現家具結構穩固與細膩優雅的線條。

齊本德駝峰沙發因為形
似駱駝的駝峰而出名。

〔十八世紀 切斯特菲爾德沙發〕 Chesterfield sofa

此種沙發由英國的切斯特菲爾德四世伯爵（Earl of Chesterfield）所創造，沙發名稱由此而來。在十八世紀的《牛津英語詞典》裡，「chesterfield」成為真皮沙發的代名詞。高貴的皮革質感，俐落方正的形制，紮實精準的釘鈕，整體平行的扶手設計，讓穿著得體的人能夠舒適地坐著，保持自己的平衡和舉止。這種雋永的設計長久以來深獲世人喜愛，有如紳士般端正優雅的形象。

當時為了符合端莊的生活儀態文化，切斯特菲爾德伯爵命當地的皮質家具工匠製作這款沙發，從縫製、拉扣以及皮料皆嚴格要求製作品質，靠背和扶手採用翻捲的圓潤造型替代了所有稜角與裝飾。當時的沙發椅還未置入如彈簧等內裝，多以馬毛、羊毛、棉花等天然物填充，相對較淺的進深尺度和低矮的靠背，可約束紳士的坐姿，同時避免正式服裝和沙發接觸時產生褶皺，加上靠背等高的矮扶手，讓人們的起坐姿勢能呈現最舒適優雅的狀態，為當時貴族精英和富裕階層的不二之選。

強烈的英倫調性風格，氣息穩重，拉扣裝飾的連續排列，富有規律的動感，傳統材質使用高級皮革，增添貴氣與優雅，現代材質亦有麂皮、絨布等各種變化，適合搭配於傳統古典的環境、Loft空間帶有粗獷的工業風格，或英國牛津大學圖書館的學院風氣。嚴謹而端正的形象，適用於辦公室、會客室等正式場合。

© AlexRoz / shutterstock.com

切斯特菲爾德
沙發是英國伯爵
Chesterfield
為了端正坐姿
而設計的經典
沙發。

© 2M media / shutterstock.com

〔二十世紀 晚禮服沙發〕Tuxedo sofa

晚禮服沙發出現在1920年代，其簡潔線條和簡單形狀暗示了現代主義的風格。晚禮服沙發是高品味的原則，一種使任何客廳都感覺高級的風格。特徵為直線條曲線，方正造型無裝飾，沙發椅背與扶手相同高度，並佈置枕頭增加舒適感，整體迷人優雅。

裝飾藝術「Art Deco」一詞，是法語「Arts Décoratifs」的簡稱，其淵源來自多個時期、文化與國度，其設計面向的對象是富裕上層階級，所採用的材料是精緻、稀有、貴重的，尤其強調裝飾別致優雅。裝飾風藝術影響了建築家具、珠寶時裝和日常用品的設計，且借用許多不同國家的文化，包括來自世界各地的現代藝術，其中藝術家和設計師將古埃及、美索不達米亞、希臘、羅馬、亞洲、中美洲和大洋洲的圖案與機器時代元素結合在一起。

此風格也使用了野獸派的衝突色彩和設計，靈感來自藝術裝飾紡織品、壁紙和彩繪陶瓷的設計。其中幾何圖案、人字形，也因為埃及學的發現和東方、非洲藝術而被影響。這種帶有現代主義前身的模樣，以俐落優雅的造型詮釋了從繁入簡的風格，可以配置成多種空間靈活實用，包括客廳、起居室、商空大廳、接待區和會議區等。

晚禮服沙發有 1920 年
代的復古感，又結合現
代幾何造型，方正扼要
的形式，頗具現代感。

〔二十世紀 英式捲臂沙發〕English roll arm sofa

英式捲臂沙發，又名「Bridgewater sofa」，具有典型的鄉村風格，歷史可以追溯到二十世紀初在英國鄉村莊園的出現。英式捲臂沙發質樸溫和，坐墊柔軟寬大，扶手向外捲曲，最經典的英式捲臂沙發會遮擋椅腳的裙邊，猶如貴婦般端莊，但有時也會露出小小的沙發腿，形象悠閒舒適，被視為交談、起居、客廳裡的合適家具。在歐美居家中常常能見到飾有荷葉邊的裝飾，具有鄉村氣息，造型大方優雅，現代樸質，展現親切溫馨的空間氛圍。

運用在客廳中，因為有較為親切的日常曲線，所以不會太過度強調造型，捲臂式的設計，活潑有趣味，在不同空間、材質中，可以提供不想太多設計元素、也不想要造型太簡單的選擇。這種帶有一點裙擺，或許是捲曲的沙發扶手設計，就可以在空間中給人無限的想像。英式捲臂沙發具備一點裝飾性、鄉村樸質風格，也兼具美式勞森沙發（Lawson sofa）舒適度，是想簡單妝點空間的新式綜合選擇。

英式捲臂沙發包含有裙
襬、無裙襬的椅腳設
計，講求自然純樸的田
園風格，適合營造具鄉
村氣息的悠閒氣氛。

© KUPRYNENKO ANDRII / shutterstock.com

〔二十世紀 勞森沙發〕 Lawson sofa

勞森沙發的特徵是四邊方正的造型，被暱稱為盒子（boxy），靠背的高度與座椅的深度差不多，而扶手的高度比靠背低得多。原始設計在三個座墊上附有三個靠背枕頭，這是當時美國金融家湯瑪仕·勞森（Thomas Lawson）在二十世紀初所設計的雛形。勞森沙發講究舒適，可躺可臥，對於忙碌的美國商人來說，其線條簡潔，比起當時流行的維多麗亞風格，顯得更舒適現代。

扶手是細長的矩形，或是捲臂的造型。由於扶手的高度適中，是較為舒適的午睡沙發，也有可變換沙發床的設計。簡約的現代風格，也會因為材質跟裝飾的不同，而有截然不同的變化。勞森沙發面料選擇帶有光澤或閃光的織物，顯得迷人慵懶；使用皮革面料可搭配金屬材質家飾，或是亞麻織物面料可搭配質樸實木茶几，以及各式風格抱枕。

為了因應居家需求，許多沙發變化以此為原型，達到結合簡約造型與舒適大方的功能需求，因此普遍受到歡迎，之後有更多不同樣貌的現代花樣、材質、形式的變化設計，比起具有象徵性的造型沙發來說，更具備自然簡約與不強調風格的美式生活哲學。

當時勞森沙發的設計者
湯瑪仕‧勞森為了舒適
度設計的簡單款式，到
今日成為美式自然風格
的代表。

〔二十世紀 中世紀現代沙發〕 Mid-Century Modern sofa

縮寫為MCM的中世紀現代主義，是一場在室內、產品、平面設計、建築和城市中發展的設計運動，也被作為風格形容詞。二戰期間，歐洲的建築設計師來到美國，隨著工業興起，人們更重視生活品質，設計大師、工藝專家精銳盡出，而五〇年代的家具被世界學者與博物館視為設計歷史上的經典風格，也是大師輩出的美好年代。

中世紀現代沙發是為戰後的城市生活而設計的，它們在狹小空間內顯得更苗條，在頻繁移動時又足夠輕巧。除此之外，美國與蘇聯在五〇年代對於航空科技的地位，進行了無數「太空競賽」，也成功發現了核分裂，此時因為人類對於世界的無限想像，再次對於生命的探究展現極大熱情。

對於宇宙與太空的嚮往，讓中世紀現代風格成為熱門元素：原子。幾何、太空宇宙的圖案裝飾，也非常豐富，這個屬於太空夢的年代叫做「Space Age」，當時留下許多的經典設計，給予全世界美麗的夢想與憧憬。

© Kerry Garvey / shutterstock.com

簡稱為 MCM 的中世紀
現代家具，由於製作精
良，且有世界知名國際
設計師操刀，因此成為
藏家保值的經典家具。

© Photographee.eu / shutterstock.com

③ 陳設的搭配：
色彩、鏡面、植物、織品、燈光

關於舒適家居的七項室內要素，日本作者保田孝的《室內色彩計畫學》[16] 中提及：

1. 地材：地板、地毯、磁磚、木材等
2. 壁材：塗裝、油漆、壁紙、磁磚等
3. 天花板：油漆、壁紙、木材等
4. 家具／家庭用品：客廳、餐廳、床、櫥櫃、桌椅、電器設備等
5. 照明：嵌燈、吊燈、間接照明燈、立燈、檯燈、壁燈等
6. 窗戶：窗簾、捲簾、百葉窗簾、風琴簾、竹簾等
7. 配件：掛畫、裝飾品、花藝植栽、掛鏡、織品等

上述要素皆為構成居家環境的七項要點，綜合起來的選擇物件還真不少！在居家佈置的過程中，具有可自行完成的普及特質，因此想要改變快速、效果顯著的話，搭配兼具色彩企劃、價格親民的陳設規劃就很理想！

這邊特別介紹如何利用「色彩、鏡面、植物、織品、燈光」等生活物品創造空間氛圍，進而展現自我風格，改變居家氣氛！

[16] 《室內色彩計畫學》，保田孝著，懋榮編輯部譯，懋榮工商專業書店，1991 年。

永和棲仙陳設選物所：藤椅與掛鏡一隅。

〔色彩〕COLOR

如果要問最顯眼的家居佈置元素是什麼？第一個映入眼簾的首先應該是色彩。因為顏色是一瞬間就能看見的最大面積，因此也是影響視覺效果的最重要元素之一，所以在佈置空間時便成為先決條件。

色彩如何影響心理因素？與大腦記憶有直接的關係。色彩心理學的研究中，認為顏色會對情緒產生強烈的影響，例如粉紅色有安定情緒的作用，紅色會使人們降低工作效率，而綠色可以消除疲勞。我們可以從色彩感受出冷暖、輕重軟硬、強弱明快、憂鬱、興奮、沈靜、華麗或是樸素的感覺，因此色彩帶來的感動，也豐富著我們的日常生活。

由於視覺處理訊息是由簡入繁的，當人們擷取視覺影像時，第一時間只能辨識顏色、線條、輪廓等單純元素，之後才會依複雜程度對各種型態起反應；這也驗證了為什麼我們在挑選物品或是觀察某樣事物時，會依照這樣的順序思考：

1／〔**顏色**〕→ 2／〔**款式**〕→ 3／〔**材質**〕→ 4／〔**細節**〕

在家具家飾的擺放搭配中，為了不模糊焦點，低調自然的風格，可以選擇木料質感的深褐色為家具色調；想讓氣氛活潑，淺色系空間就要挑選顏色也淺的家具搭配。調性沉穩，就選擇深色系的家具，展現成熟穩重，當壁面色彩屬於鮮明的、彩度高的主要色調，其他家具搭配則可以選擇彩度低、明度低的物件。

在視覺協調的搭配上，先考慮色調搭配，比較不干擾平衡感。

如果已經先有了家具，則以家具為主，去挑選壁面顏色，以下為需要
注意的要點：

1. 超過三種色系，比較難掌握每件物件的獨到之美，不易彼此襯托。
2. 主色、配色、特色以「6：3：1」的比例搭配，增添豐富層次。
3. 視覺感最大的顏色是藍色，其次綠色、黃色，空間感最小是紅色。

那麼我們要如何運用這些色彩的力量呢？
色環（Color Wheel）組成的圖示，讓我們更明白色彩的使用分類：

對比色（Contrast color）

色環的任何直徑兩端的顏色，等量混合呈現黑灰色。

效果｜強烈、衝突、存在感高

鄰近色（Analogous color）

色環中夾角50°左右的兩種相近色。

效果｜柔和、安全、高雅

同調色（Tone on tone color）

是指同一個色調，有深淺明暗之分的顏色。

效果｜和諧、統一、靜謐

點綴色（Embellish color）

使用75%、25%、5%的色彩配比，可以增加活力感。

效果｜活潑、吸睛、動態

對比色
Contrast Color

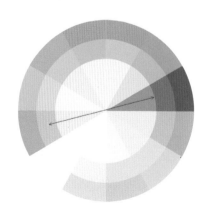

示範	橘色系 & 藍色系

效果	強烈、衝突、存在感高

在色環上呈現直線狀的 180° 對比。

鄰近色
Analogous color

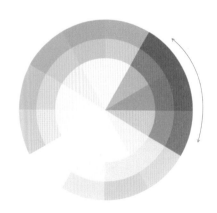

| 示範 | 藍色、紫色 |
| 效果 | 柔和、安全、高雅 |

在色環上靠著左右兩側的鄰近色系。

Photography: Wang chu

同調色
Tone on tone color

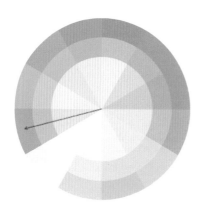

| 示範 | 深橘、橘色、淺橘 |

| 效果 | 和諧、統一、靜謐 |

在色環上的某一色系裡有深淺漸層的表現。

點綴色
Embellish color

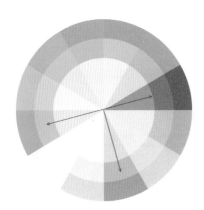

示範	橘色系＆藍色系＋綠色
效果	活潑、吸睛、動態

依循 6：3：1 的比例，少許點綴發揮最大效果。

〔 **鏡面** 〕 MIRROR

想要直接改變家飾氣氛，鏡面是除了油漆色彩之外的另一種選擇！關於鏡子的用法，民間也有諸多禁忌，例如：忌放床尾、忌對浴廁門、臥室門、大門、神明桌、書桌、廚房等，以科學根據來說，是為了怕人影晃動導致心神不寧，所以延伸出避免驚動自己的叮嚀。

在1920年代，鏡面設計在裝飾藝術風格中得到了很大的注目度，因為工業革命的誕生，機械、新材質、反光鏡面等，都成為了時代風格的代名詞。以歐洲來說，人們將鏡子視為豐盛的代表，在餐桌前擺放鏡子，可以把桌上的食物變成兩倍，稱作鏡前飾物，其他如擺放花器、對燈在鏡前的陳設方式，也常出現在浴室化妝間，這些都代表雙倍的光明和豐富的擺設。

鏡面帶有反射材質，加上與鏡框兩者結合，比起海報畫作、藝術掛畫等強烈的個人畫風，更具備客觀的裝飾性質，也較易於搭配其他家具。當居家牆壁感覺有點空曠，不知道該掛什麼樣的裝飾，又覺得藝術畫作太難挑，鏡面就是一個價格親切，款式眾多的好選擇！這時不妨參考一下掛牆壁鏡或落地鏡進行陳設搭配。鏡子是相當實用的家飾品，扁平的形制可掛可放，材質風格萬千，不但可以擴大空間感，還帶有提醒服裝儀容、定義空間的意義，是居家生活中不可或缺的日常用物之一。

鏡子分為鏡面與鏡框，鏡面價格親民以才數計費（30 x 30公分），鏡框的材質很多，舉凡可以框住鏡面的木料、塑料、竹藤、石膏、金屬材質、玻璃、鐵件、石材、皮材……等，都各有其風格姿態，依照大小與空間又有不同選擇與名稱，例如穿衣鏡、玄關鏡、浴室鏡、洗手台鏡、化妝鏡、掛鏡、桌鏡、鏡牆等。

玄關代表一家的出入，可以擺放鏡子，確認空間場域，《舊唐書‧魏徵傳》 裡唐太宗曾說：「以銅為鏡，可以正衣冠；以古為鏡，可以知興替；以人為鏡，可以明得失。」 正衣冠，在這裡是一個很有意思的含意，它是出門前最後確認自身狀態的行為，所以也帶有儀式感。因此可以把玄關視為 「從外面回到家裡」 的過渡區，讓它成為保持整潔、清爽舒適的環境。

在客廳適當的地方，也可以掛上一面壁鏡，將有擴大空間的效果。明鏡在古董二手市場的流轉相當有行情，若想清潔舊鏡面，將洗碗精和水以1：20的比例調配，並以抹布浸泡其中後擰乾擦拭，如此可在鏡面上形成薄膜，不易生灰塵，當家中有鏡子玻璃髒汙時不妨一試。

簡單方鏡或是古典雕花鏡，在裝飾上都有好看的地方，尺寸款式選擇多樣；掛鏡適合妝點牆面，並有擴大空間的反射效果。

1	玄關鏡 / 穿衣鏡	5	木雕花玄關鏡
2	無框光邊八角掛鏡	6	金屬框化妝鏡
3	藤竹化妝檯鏡	7	金屬雕花桌鏡
4	學院風格木框掛鏡		

8 台製早期木刻化妝鏡

9 1920 年代裝飾藝術風格（Art Deco）金屬掛鏡

10 樹脂翻模古典雕花掛鏡

11 手繪花卉玻璃鑲嵌掛鏡

〔植物〕 PLANT

想要簡單改造，運用植物就有大大的佈置成效。植物跟毛孩子一樣是
我們的好朋友，想像植物也是一種活生生的物體，需要被注意，需要
呵護，需要關懷。我們很容易感受到植物點綴空間的效果絕佳，但是
空間條件不利於植物生長時，又該怎麼辦呢？

關於佈置居家植物，可以注意以下幾點：
1. 不利於植物生長的環境，不妨考慮仿真植物。
2. 依據環境條件來挑選種類，植物存活率比較好。
3. 點綴在時常看見的地方，讓生活產生愉悅感。
4. 乾淨的仿真植物，反而比枯萎的真植物更有正向的裝飾性。
5. 植物很適合放在室內的角落，有助於增加空間安心感。

適合放在窗邊的室內植物：

棕櫚科植物（Arecaceae）

大王椰子、袖珍椰子、扇葉蒲葵、棕櫚、觀音棕竹

蕨類植物（Pteridium）

波士頓腎蕨、鹿角蕨、兔腳蕨、鳥巢蕨（山蘇）、鐵線蕨等

竹芋類植物（Maranta）

孔雀竹芋、銀線竹芋、青紋竹芋、彩虹竹芋、青蘋果竹芋

其他常見室內植物

琴葉榕、吊蘭、酒瓶蘭、網紋草、圓葉椒草

以上這些植物皆屬無毒，有飼養貓犬的家庭也合適種植！

照顧植物需要的空間條件：

1. 採光：植物有光適性，固定位置讓光線穩定。

2. 通風：放置通風處，或讓窗戶偶爾開窗換氣。

3. 水分：關注土壤濕度，盆栽重量變輕即可澆水或泡水浸濕土壤。

4. 溫度：避免高溫直曬，或燈光高溫照射，可能造成植物傷害。

居家擺放植物需要注意的條件：

1. 廚房：避免植物過熱，可於角落放置水生植物。

2. 客廳：角落可以考慮中大型植物，形成空間感。

3. 臥室：避免濕氣，不適合過度放置植物。

4. 衛浴：無光且不通風處，建議放仿真或耐陰植物。

推薦大台北區域購買植物的地方：

1. 假日建國花市：盆栽＋切花（切下來的花卉）。

2. 內湖花市：盆栽＋切花。

3. 台北花卉村：大型盆栽、多肉植物、花卉植物。

打造植物空間雖不容易，但植物很能營造氛圍。充滿自然感的生活空間，偶爾施肥修枝，撿拾落葉也是一種樂趣。自然植物可以為空間帶來良好的印象，創造具流動感的氛圍，無論居家或是商業空間，都很適合以植物點綴。維護植物需要時常修剪，注意濕度水位，保持植物良好的生長狀態，切莫放置無精打采的植物孤兒，因為植物長的好，會讓人有空間打理很好的正面感覺。

1　酒瓶蘭

2　圓葉椒草

3　細葉棕竹

4　波士頓腎蕨

5　鳥巢蕨（山蘇）

6　結合各種植栽的庭院

7　吊蘭

這些台灣常見的常綠植物，室內外皆可放置，
相當好種植，只要有光源與水份即可繁榮生長！
因為沒有毒素，犬貓誤食也不用擔心。

台灣常見花類

1 虎尾蘭   4 蘭花
2 桔梗花   5 小蒼蘭
3 茶花   6 文心蘭

新鮮的切花，好好保存也可以放置二週以上，
滴一點漂白水在插花的水裡，更能延長花期，
避免水質變質。

Photography：Jane Chung

〔織品〕FABRIC

織品給人柔軟溫暖的感覺，貼身使用的居家織品，越是容易接觸到皮膚，越是要避免過硬或觸感不舒服的材質。如今隨著素材變化越來越多，依據居家織品的功能，例如床單被套、抱枕、窗簾、地毯、沙發、椅墊、桌布、屏風織物、燈罩、掛毯等，織品也透過不同的軟硬材質、厚薄程度，表現各樣的風格，參與著我們的生活。

例如地毯織品，有絲織、純毛、混紡、化學纖維、塑膠、草編、麻紡、棉等材質，觸感由軟至硬，可分為絨毛毯、迴紋毯、絨氈、針織毯、平織毯、亞麻毯等。因地域文化的習慣不同，又或者地處熱帶及亞熱帶潮濕的氣候，因此不見得可以使用某些材料的地毯。但是在寒帶國家，地毯因特殊的保暖性，材質開始加入科技技術，因此地毯織品在這些地區有與時並進、不可或缺的特質。

在窗簾的挑選上，需考量使用機能，如隱蔽、遮光、營造居家氣氛、豐富空間層次及表現設計風格。依材質分類有：
1. 窗紗：軟質、高透光，紗、蕾絲、尼龍絲、軟緞、平織布等材質。
2. 窗布：以布織品為主，具低透光性，用於室內花樣顏色的效果。

窗簾的材質也有不透光、半透光、透光等不同選擇，主要材質有絲、綢、麻、呢、絨、緞、棉、卡其布等，圖案造型可分為印花、提花、織花、繡花等。可以因應室內空間光線需求、風格樣式的變化來搭配點綴空間。現在有許多款式豐富、帶有層次、實用性的織品可以選擇，讓人們在追求更加舒適的生活之外，還可以增添個人風格。

1　平織漸層掛式門簾

2　織品坐墊折疊椅

3　波斯幾何絨布地毯

4　早期蕾絲織品燈罩

生活中有許多織物製造的家飾用具，例如平織窗簾、黃麻地毯、餐巾桌墊、織品燈罩，抱枕寢具等，不同的材質也豐富了人們的環境佈置。

織品可以柔化居家環境氛圍，增添日常情調，
柔軟、輕盈的視覺感受，讓人們感受到家的舒適。

〔燈光〕LIGHT

空間若沒有燈光的照明，就是一片漆黑了。以下我們用幾種不同定義
的分類，說明照明設備的幾種基本用法：

在《室內設計資料集》[17] 中的人工照明設計程序表，說明了如何選擇
照明設備：

1. 目的 — 定義環境性質，如居家環境、辦公室、體育場、商場等。
2. 照度 — 根據活動性質、活動環境、視覺條件，選適當照明標準。
3. 質量 — 視野內的照明亮度分佈、光的方向和擴散性。
4. 光源 — 選擇色光效果及其心理效果、發光效率、室內裝飾氣氛。
5. 方式 — 依照活動性質選擇照明的方式，根據具體需求選擇類型。
6. 燈具 — 照明器選擇：效率、配色和高度，與室內設計的調和感。
7. 位置 — 計算各種光源：點、線、帶、面的直射照度。
8. 電力 — 電壓、光源與照明設備供電等系統圖選擇配電盤的方式。
9. 維護 — 採用高效率的光源與燈具。利用天然光、易於保養清潔。
10. 類別 — 吊燈、吸頂燈、嵌燈、軌道燈、壁燈、檯燈、步道燈、帶
狀燈等。

再來可以透過燈具的選擇讓光線更有變化，例如燈罩的材質會導致透
光方式跟發散效果完全不同。織品類燈罩的光源有最為柔和的散發
感，而不透明覆蓋型燈罩則是會讓光源變成單一方向的發散，有聚光
效果。

---

[17] 《室內設計資料集》，張綺曼、鄭曙暘主編，建築與文化出版社，1997 年。

燈光是彼此配合的交響曲，因應著空間的變化而有不同的選擇，燈光
的亮度也是一項需要去感受的經驗，不同類別的燈泡有不同的色溫，
亮度強弱也帶來不同效果，用功能性與舒適度來選擇，才能找到適合
空間的亮度與照明。

燈泡的選擇也是一門大學問，其中不只色溫不同，也要注意有不同的
使用規格，例如：E27、E17、E12，指的就是燈泡金屬螺旋處的直徑
數據，日常生活常使用的是直徑2.7公分的E27燈泡，E12屬於早期使
用的燈泡規格，現代燈具較為少見。色溫的不同則來自人們發現溶解
金屬時，被加熱的鋼鐵會呈現不同變化的亮度。

「色溫」（Color Temperature）規格表中，以Kevin做計量單位，縮
寫為K：如2700K、3000K屬於黃色的光線，4000K以上的色溫數據
越高，光線就越白。

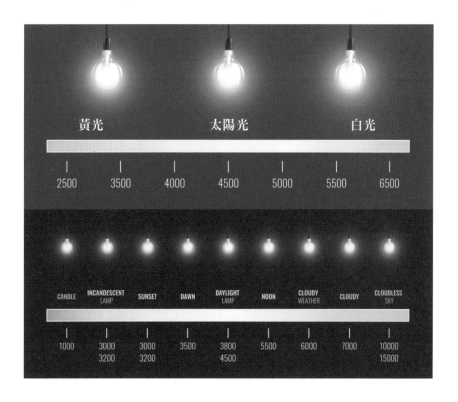

各種各樣的照明燈具，因為不同的光源
高度而有不同的空間感，為了增加光源
層次，需要注意選擇合適的照明。

Photography: Niva Hu

1 高光源

2 3 中光源

4 低光源

燈具與散光、漫光的
各種樣式

此燈具位置示意圖，除了自然光線以外，

此燈具位置示意圖，除了自然光線以外，
人工照明從光源高至低的排序為「吊燈、立燈、壁燈、桌燈、地燈」。

夜晚的燈光營造也是一種居家佈置的趣味所在，由高至低，
光源位置的變化多端，賦予空間層次感，也打造了靜謐的舒適氣氛。

常見居家照明器具的
照明效果

1 投射燈

2 立燈

3 桌燈

4 地燈

5 壁燈

6 吊燈

如何營造有層次的氣氛

1. 投射燈
2. 立燈
3. 桌燈
4. 地燈
5. 壁燈
6. 吊燈

① 居家陳設的佈置技巧

陳列設計之於居家空間的重要性，與古代科學演化而來的風水堪輿概念有關。早期以風水堪輿安家，是源於以天文星象、四季節氣替皇帝宮廷尋找最適合帝王居住的環境，後來不斷地研究大自然對生活的影響，便傳到民間。

如今生活不同以往，有些安居的環境條件，依舊是歷久不變的通則。現代居家室內的陳設，首先要能維持健康安全的生活，使人身處其中而感到舒適愉悅，因為光照、通風、濕度等，對身體健康都有很大的影響，所以在注重美感之餘，「環境健康」是很重要的佈置觀念。

佈置居家空間時，可以運用哪些方法裝飾空間？如何以少量工程改造家中的氣氛？如何觀察房屋優點，凸顯個人特色？都是需要列入考慮的條件。

我們以一間設計師的住商共享空間為例，曾長期久居紐約的屋主Billy，希望空間在工作之餘，依然保有開放的休憩感，創造舒適的生活氛圍。在佈置上，運用居家基本佈置法，展開新的功能性與裝飾，就可以輕鬆讓室內環境煥然一新。

居家陳列的基本概念之一，就是好好規劃自然與住宅的關係，
陽光、空氣、水適當地融入空間中，方能安居。

Billy' s House

現代極簡的住辦宅

設計公司與住宅合一的共享空間

Photography: Wang chu

案例分享

地點：台北市大安區　　類別：住商共享空間
坪數：50 坪　　　　　案例：公共區域 10 坪

3. 空間端景

2. 玄關右側辦公室

6. 洗手間走道

```
        ┌─┐
     2 ─┤ │
   ┌────┘ └──────────────┐
 3 ┤                      │
   │              1 ──────┤
   └──┐              ┌──┐ │
 6 ───┤              │  │ │
   ┌──┘              └┬─┘ │
   │              ↑    │
   │            DOOR   │
 4 ┤              5 ───┘
   └──────────────────┘
```

案例佈置之前現況圖

1. 入口玄關

4. 公共工作區域

5. 室內窗景

居家佈置的四項需求
01 空間規劃

形式追隨功能（Form follows function），照著想像的舒適生活，先規劃空間坪數的功能性，再來安排大型家具的風格與配置。

2. 玄關右側辦公室

3. 空間端景
圓鏡＋丹麥柚木長櫃，
長 203 x 深 46 x 高 73（單位：公分）。

6. 洗手間走道

案例佈置之前現況圖

1. 入口玄關
寫字桌＋攝影掛報

4. 公共工作區域
鑄鐵雙人書桌 x2
150 x 90 公分的尺寸，運用變化度高。

5. 室內窗景
Thonet Hoffmann 811 餐椅
長 48 x 寬 54 x 高 88，
坐高 45（單位：公分）

居家佈置的四項需求
02 搭配提案

具有自然的現代感，黑與白的正式，陽光、簡約與人文的設計風格。
自然與工業鐵件的剛柔並濟，整體和諧運用天然材質，並搭配植栽。

試著把喜愛的物品、
照片排在一起看看。
研究形式、色彩、材
質、裝飾是否如同想
像的和諧美觀、佈置
是否具有整體感。

居家佈置的四項需求
03 材質選擇

以工業感的鑄鐵材質，加上柚木、天然材質的家具。將光線、自然、現代質感，以及穩重的黑白色調帶入現代設計。

德國 Koch & Lowy 的金屬三頭立燈，為七〇年代老件，簡約優雅。圖片來源／引体向上 Indigo

丹麥家具製造商 Hornslet Møbelfabrik 的柚木實木衣帽架，來自六〇年代，外型圓潤可愛，質地紮實堅固。圖片來源／引体向上 Indigo

圖片來源／引体向上
Indigo、B.A.B
Restore Vintage

居家佈置的四項需求
04 色彩風格

靈感來自蒙德里安的幾何設計作品，以現代藝術的色彩結構，呈現視覺比例。運用上採白色為底色，加上主人喜愛的靛色，搭配鐵黑、木質色來強調室內的明快氛圍。

© Tinamou | Dreamstime.com

荷蘭藝術家皮特‧蒙德里安（Piet Cornelies Mondrian）
主張以幾何形體構成「形式的美」。

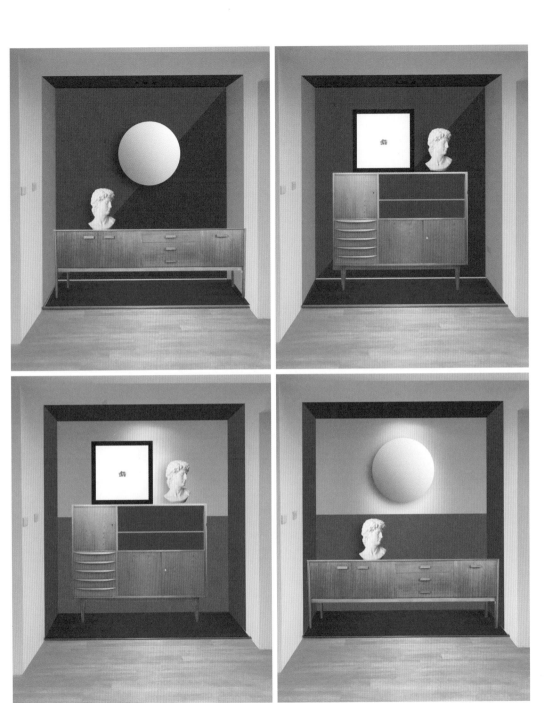

四種油漆色塊的合成示意圖。

〔居家陳設的四項需求與九種技法〕

居家生活佈置中，決定整體的清爽度與否，往往是在非常小的細節，想要打造更舒適的居家環境，更需要長期浸潤分析，培養觀察的樂趣，使美成為生活中的一部份。這裡先整理出四項居家空間的設計需求：「空間規劃、色彩風格、材質選擇、搭配提案」，再搭配日常居家的基本佈置，以及陳設技法的基礎運用，就能創造屬於自己的舒適空間。

九種空間基本佈置法：吊、掛、塗、鋪、收、展、藏、植、光。

吊垂：例如投射燈、吊燈吊簾等，將物件從天花板延伸至地面之間。
掛壁：讓壁面裝飾多變，有掛毯掛畫、掛盤掛報、掛軸掛簾等表現。
塗料：覆蓋在任何材質上的塗料，例如油漆、染色漆、水泥漆等。
鋪面：水平地面上的材質皆可稱為鋪面，如木料、磁磚、水泥鋪面。
收納：生活雜物眾多，只要規劃好空間，就能使物件適得其所，
　　　維持整齊。
展示：擺放喜愛的藏品等展示性質較高的物件，能夠點綴環境美感。
藏拙：注意會忽略的雜亂小地方，如延長線、垃圾桶的擺放位置。
植栽：用植物來妝點室內空間，令人感到生命力和現代人文感受。
光線：開窗有光之處，皆為居家重點，自然光並且通風，是最舒適的
　　　狀態。

利用顏色、光線或風格家具，居家佈置就能有很多種變化，並且可以自己完成，讓生活更賞心悅目，自我風格得以呈現！

吊垂｜懸吊的投射燈，色溫很重要。　　掛壁｜掛上主人的拍攝作品。　　塗料｜用色彩妝點壁面空間。

鋪面｜改變展示區地板色。　　收納｜增加層板或櫃櫥空間。　　展示｜讓藏品在適當空間展示。

藏拙｜浴廁前可掛上門簾。　　植栽｜植物讓人有良好印象。　　光線｜讓空間有自然光及通風性。

居家陳設的家具擺放
01 入口玄關

玄關意味著人們從外面回到家裡的第一個入口,象徵外界與私人空間的一個過渡區。佈置上首先講究乾淨清爽,保持明亮整潔,不可堆積閒置雜物。從外面回來的時候,能將戶外灰塵集中在此區而不帶入家中。除了玄關,在日本也有稱為「落塵區」的空間轉換。

玄關為整理服裝儀容的地方,適合放置掛鏡、擺放鑰匙的小檯面,或是可以吊掛簡單衣物的衣帽架、穿鞋的矮凳等,這些都是很貼心細膩的家具陳設用法。玄關出入口處也扮演著提示、置物的功能,例如家中出入鑰匙、零錢發票,可放置鏡面來確認儀容。其實東西只要放對動線位置,都能讓生活更得心應手,環境也跟著明朗清爽許多。

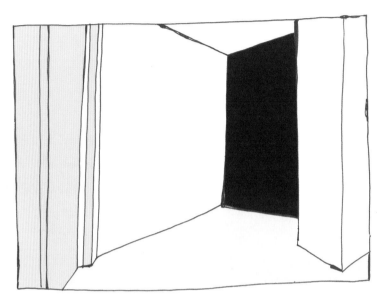

可以思考在玄關會有哪
些習慣動作,依據個人
需求規劃玄關佈置。

挑選合適的室內植物,
可以增加美觀,例如在
有光線通風之處放置室
內植物。

居家陳設的家具擺放
02 玄關右側辦公室

如果是多人使用的辦公室，在佈置上首先應依據工作的流程順序，來安排位置與辦公設備，動線上應避免互相干擾，並減少雜亂的佈置，達到清爽適切的效果。

普通辦公室有以下功能需求：主要為辦公，再分為休息、會客、接待、收發、資料存放和訊息處理設備等。除了辦公桌椅、會議桌椅之外，室內空間佈置應避免來回穿插及動線複雜等問題出現。多人共享的空間更需要開闊的視覺感受，同時需要充足的照明光線。想要營造極簡大方的氛圍，牆面可以用藍白色塊來跳色，因為視覺成像的緣故，色彩波長會使藍色顯得距離最遠，空間感受比較開闊，且保留視覺舒適度。

不連續的油漆色塊帶給
空間變化，同時避免深
色牆面縮小空間感。

可以善用繪圖軟體合成
想像，油漆上色處不
同，氣氛就是不一樣！

居家陳設的家具擺放
03 空間端景

在《中國園林建築研究》[18] 一書中提到，風景名勝園林與大型的離宮型皇家園林中，一般都選擇比較突出、顯要的位置佈置獨立或群體建築，它們與自然風景相配合成一個個景點，具有點綴風景與觀賞風景的雙重作用。

端景，常見於玄關盡頭、走廊盡頭、L型轉角、凹型空間等，或是居家空間的一道牆、任何一處角落，只要好好善用佈置，就能夠讓視覺有地方休息。一隅端景的作用，不只是展示一些主人喜愛的藏品，更是在居家空間中表現自我的擺件。佈置出一面主視覺牆，讓生活中的愛好藏品有展示的空間，如花藝、雕塑、畫作或是掛鏡等，都足以引人目光停留。

[18] 《中國園林建築研究》，丹青圖書，1988 年。

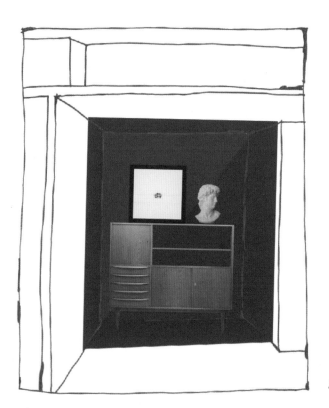

玄關端景有不同選擇：
A. 展示收藏品，放置
展示型的丹麥柚木櫃及
攝影作品。

A

B. 以鏡面擴大空間，
選擇細長優雅的丹麥柚
木櫃配現代圓型掛鏡。

B

居家陳設的家具擺放
04 公共工作區域

共享空間（shared space）的概念，起源於2005年美國舊金山地區，是以分享、社群及工作為核心精神所誕生的新形態工作空間。在現代空間興起的主因，是能製造更多人我交流的機會，也更能發揮空間利用的最大值。但是跟住宅空間合一時，又該注意什麼呢？

許多工作者在下班之餘，都希望保有私人生活的舒適感，所以建議家具選擇上可考慮以機動性為主，例如兩張雙人桌代替一張大桌，可分開、可合併作為多用途功能，收納部分也增加更多層架置物，不佔空間的折疊椅，也是臨時要追加座位時的選項。再來就是公私要分明，生活雜物或私人物品，更需要收納於非公共空間，避免造成環境混亂，提升工作環境品質。

大桌置中時，可增加使
用人數，較有正式與舉
行會議的感覺。

不同的座位，也符合共
享的初衷，同事可以彼
此不干擾，亦可併整成
大桌。

居家陳設的家具擺放
05 室內窗景

室內有偌大的窗景，真的是具有優勢的一環，不過都市人口擁擠，有時候窗外景致不見得美觀好看，加上要確保玻璃帷幕內的住宅隱私，這時就必須用遮蔽性窗簾來隱蔽。但不想遮住自然光時，建議可用半透光的百葉窗簾，或是半透度的織品窗簾、淺色系掛簾等能夠讓光線穿透的材質，讓光源依然可以自然進入室內，達到明亮的效果。

一般來說，窗景有光線與可開啟的窗戶，很合適擺放半日照[19]的植物，如虎尾蘭、琴葉榕、電信蘭、千年木等，自然的陽光灑落在植物上，在視覺上十分療癒，能有增添活力、清爽愜意的感受。

[19] 每種植物需要的光線和強度不同，依光線需要，植物可以分為全日照、半日照和耐陰植物。全日照需要曬到陽光 6 小時以上；半日照並非以日照時間來評估，而是指將日照光線過濾一半強度，例如在全日照環境中，使用 50% 遮陰網；耐陰是指不需陽光直射，但要有足夠光線。

一張大桌，可以聚餐、
辦公等，功能多元，但
是可能較佔空間。

想要保留更大一點的空
間感，桌子建議可以靠
牆增加走道寬度。

居家陳設的家具擺放
06 洗手間走道

在古代環境還不是這麼先進時，廁所被視為不潔之處，所以設置在房子之外的周邊。隨著時代變遷，生活空間濃縮，但為了便利生活，一個家庭的衛浴廁所，也常與臥室、餐廳比鄰。當所有不同功能的空間要結合在一起時，難免會有互相遷就之處，門簾就是一種具隔間功能的陳設道具，適合掛在衛浴廁所門口，讓視覺上具有隔斷空間的效果，也形成遮蔽的心理感受。

現今主臥室常備有衛浴廁所，為避免空間中空氣或是潮濕的干擾，床頭位置會避免放置在廁所牆面，若是床尾正對衛浴門口，也建議使用屏風或是門簾阻隔，使浴廁與其他空間產生隔斷效果，讓整體整潔度大為提升。

門口使用伸縮彈性窗簾桿，無需訂做，只要量好門寬便可以買到合適的尺寸長度。

門簾選擇多樣，有一片式也有半分兩片式，包含穿桿、吊帶、打孔、掛鉤等吊掛方式。

如何決定上色的空間？

最快轉換空間氛圍的方法，一個是改變燈光，另一個就是替換室內空間的色彩了！但是，要自己決定油漆顏色跟位置，也不是一件簡單的差事，天花板該不該漆？斷面要如何安排？顏色如何挑？上色的位置如何選？都是需要考量的問題。現代塗料百百種，有水泥漆、環氧樹脂、礦石材質等，上漆效果可以猶如清水模溫潤，就連刷漆上色的區塊，也可以有更多的玩味設計。

以下有九種空間油漆的做法跟效果，網路上也有很多資料可以參考。上漆已經不再是空間最後上的那一層百合白，而是一種室內空間的色彩質感設計，無論是塊面幾何、漸層單色、手感光澤等，多元化塗漆材料都有不同質感表現，為空間創造多元風格。

1. **擴大空間**（expanding）：空間都是同一色
2. **強調牆面**（high lighting the wall）：只有主牆單一色
3. **延伸水平空間**（stretching the space horizontally）：刷一半裙牆
4. **延伸垂直空間**（stretching the space vertically）：只有天花板不漆
5. **縮小空間**（decreasing the space）：四周連天花板一起刷色
6. **降低天花板**（bringing the ceiling down）：天花板單獨刷色
7. **封閉空間**（closing the space）：牆面顏色不連續
8. **拉長空間**（elongating the space）：天花板延伸至尾端牆面
9. **縮短空間**（shortening）：一面主牆單獨刷色

1. 擴大空間

2. 強調牆面

3. 延伸水平空間

4. 延伸垂直空間

5. 縮小空間

6. 降低天花板

7. 封閉空間

8. 拉長空間

9. 縮短空間

② 構成美感的十項原理

美感的培養是在創造中淺移默化而來的，所謂人文素養，素是平素、經常的意思，養則有培育、浸潤其中。古典美學的核心準則是和諧與勻稱，其理論是比例（proportion），有人翻譯為權衡。

陳列設計是一種構成的技法，在一個空間裡，往往具備著平面構成、立體構成、半立體構成、動立體構成[20]等因素，所以被稱為「綜合性科學」。如果缺乏對於三度空間的想像力，想要掌握陳列設計之原理，相對會變成不容易的事。

然而，我們可以從基本的美感原則之中，先去理解構成的重要性以及美的形式。此十項原理只是構成大自然的基本要素，過去人們是經過觀察賞析而來，只要視覺上感到舒適好看的，便認為是美。這些常見於日常生活就可以觀察到的現象，諸如建築磚瓦、居家色調、杯盤排序等，皆可用陳列設計的角度來欣賞，包括：秩序、重複、漸變、律動、對稱、均衡、調和、對比、比例、統一之基本原理，帶給人們關於美感的千變萬化。

美感原理，只能告訴我們生活周遭其實有這麼多豐富的樣貌，許多具有美感的規律現象，都是依據自然而運行。關於美的景物我們並不曾少見過，但我們還需要靠長期實踐建立起微觀事物的能力，讓每一次的觀察經驗，都可以累積想法，進而創造屬於自己的獨到眼光。

---

[20] 動立體構成如動感環境雕塑、音樂噴泉、旋轉體的陀螺等。

漢寶德在《談美》中認
為，有超過一組的物
件，就要看各部分之間
的關係如何排列，而排
列時必須在合乎比例的
秩序下進行。

1 /〔**秩序**〕 ORDER

秩序感源於大自然的規則，井然有序的放射狀花瓣、樹木葉脈對稱的生長，或是蜂窩六角形的內部結構、櫛比鱗次的屋簷，都是一種自然的秩序。當擺設物件有對齊、水平中心的概念，秩序感就油然而生，可以減少畫面多餘的雜亂感。乾淨整潔、沒有雜物，也是一種秩序。

美的形式，最基本的就是秩序，「對齊、置中、均分」就是把群組裡的物件中心線對齊，無論是水平、垂直看的時候，都在同一條中心線上。這樣有助於形成清爽感，並減少物件不均等的視覺干擾，即使物件繁多也不會看起來雜亂。

圖例的擺放方式，是將物件佈置在中心線上，當一切對齊後，就能有整齊劃一所產生的整潔感。因此，整齊的感覺跟物件的數量多少無關，此方式適用於大量的擺件、數量較多的公仔、展示品、藏品等運用秩序來進行創造美感的步驟。

只要善用「秩序感」來放置物品，如餐具碗盤、雜亂的生活用品、調味醬料瓶罐等，就能產生有條不紊的擺放技法，自然而然，產生了美的視覺感受。這樣的技法，其實就在日常的生活之中。

水平垂直、對齊排列，
整齊劃一的感覺，使得
秩序感油然而生。

秩序的感覺來自整齊，整齊的擺放方式，
可以將物件以 「對齊、置中、均分」 來擺設，
數量繁多的物件也可以使視覺化繁為簡。

2 / 〔**重複**〕REPETITION

重複某一個單一的元素，或是反複出現連續性的圖案，組合起來便成
了一種帶有幾何效果的美感原理，即使是同一個物件的重複，也會有
秩序的美感出現。體感是一種物件的存在感，放置較多的重複數量可
以讓單一物件的薄弱感變的豐富、有層次。當同一系列有許多不同種
類的物品時，也可以使用重覆的手法，因為一個物件被重複擺置時，
便有了「體感」。

這個重複的意思，是指外觀樣貌相同的元素，如果不是相同的元素，
就不等於重複的概念。重複相同元素之後，就產生了整齊感，符合
人們對美的感知。當相同的物件整齊劃一的出現，就成為美的原理之
一，如果運用在居家環境中，像是相同系列的掛畫、相同的家具款
式，搭配相同的均等距離，在物件繁多的情況下，重複，也是一種讓
事物變簡單的效果。美感原理多數來自連續、幾何、秩序，重複的原
理也都能通用、製造美的感覺。

連續重複的擺設技法，有收藏的系列感、有簡約的生活態度，在秩序
中尋求變化，重複，就是美感原理中的一個代名詞。

重複擺設,增加豐富
度、體感面積,加深單
一物件印象。

在牆面裝飾上，用尺寸大小相同的系列掛畫，重複幾何塊面的連續裝飾，使空間構圖上製造重複的美感效果。簡單的餐椅，也因為重複而有了俐落的感覺。

3 / 〔**漸變**〕 GRADATION

大自然的色彩變化無窮，松果結構、落葉漸變的色調、放射狀的貝殼外觀，都能夠觀察到逐漸變化的層次。無論是形狀大小或是色彩濃度，都是漸變美感的形式之一。漸變又稱為「漸層」，是指同一單位形態之呈現由大到小、由強而弱或由明而暗，讓視覺有一種規律的變化，富有層次及理性的感覺。

物品排列的方法，可以由大至小，由高至低，由厚至薄，只要是按照漸變的順序，就不會產生參差不齊的感覺。漸變也能成為一種律動感，多數的美感原理，重點都在於消彌視覺的雜訊，假設物件擺放的有高有低時，會形成另一種非對稱的美感，或許在視覺上會顯得雜亂，但帶有秩序的依序安排，也可以成為漸變的美感因素。

依空間的漸層色調、物品的尺寸大小佈置，比起毫無規則的擺放，物件漸變的效果，讓整體具有更清晰的輪廓，例如依照某一順序，從左至右，從大至小，從深至淺的漸變放置，容易讓人一眼理解陳列的邏輯，也帶給人們舒適的視覺感受。

有規律、邏輯的擺放，
由小到大，由左而右，
由淡轉濃，都是一種漸
層的概念。

陳設美好的生活 The Pursuit of A Better Life

日常生活中其實也很常見到漸變的擺放，例如同色調的顏色漸層，珊瑚紅、大地褐、粉紅燈罩，搭配有相同色系的紅鶴圖樣寢具，物件們由大至小的排列，也是一種漸變。

4 / 〔**韻律**〕RHYTHM

在靜止的畫面中，由重複、漸變的元素組合感受到韻律性的變化，使得視覺效果有了律動感。呈現靜態的空間或畫面的韻律感，可以透過反覆、秩序、調和與漸變等融會貫通的手法表現律動，這是一種多項技法的變化，但是如果變化的太多或是太繁複，反而會失去秩序或是平衡的感覺，所以使用上要更加仔細地觀察靜物畫面。

物件韻律的起伏，在於層次，大型家具的佈置法中，也會使用前低後高的擺法，讓空間不致於一覽無遺，失去氣氛。層次是韻律的一種表現方式，讓視覺上有豐富的整體變化，形成一種曲調般的起伏蜿蜒。

好比擺設小物品飾件時，也可以利用高低展台，來打造富有層次韻律的視覺效果，因為前低後高的佈置，讓多樣物件不會遮到觀看的視線角度。在室內空間中垂掛吊簾，創造半透式的隔間感，也可以創造空間動線迂迴的韻律感，正如中式園林的佈局特點：「師法自然，創造意境。巧於因借，精在體宜。劃分景區，園中有園。」[18] 講求與自然環境融為一體，空間便充滿韻律的美感。

[18] 出自《中國園林建築研究》一書。

靜物中有動態感，彼此
平衡，可以發覺更多細
微的想像畫面。

陳設美好的生活 The Pursuit of A Better Life

運用高高低低的木質展台，來製造前低後高的視覺效果，
不會遮擋住觀看任一樣物件的視角，形成一種韻律的排序，
除了容易觀賞之外，也呈現出富有變化的空間層次。

5 / 〔**對稱**〕SYMMETRY

對稱一詞，據說是源自於希臘文或拉丁文的「ｓｙｍｍｅｔｒｉａ」或「ｓｙｍｍｅｔｒｉｏｓ」，是由「ｓｙｎ」（一起）及「ｍｅｔｒｏｎ」（測量）結合而成的字，意味著從某一位置從事測量，在同一位置上形成相同造形的意思。楊清田《構成》一書中認為，以某一點為中心，讓某造型產生迴轉時，便剛好與另一造形完全重疊，或由鏡照所造成的一對左右對稱之形，均屬於對稱。

對稱有著平衡的穩定感，因此在視覺上形成「完形」的感覺，完形，是指完整的形狀，讓人有安定感。除了深海的少數魚類之外，世上的生物幾乎都是對稱的樣貌，所以對稱是人類視覺最容易接受和感到舒適的畫面。

例如美國導演魏斯・安德森（Wes Anderson）的電影，以「置中對稱」的美術場景著稱，並以對稱代表作《歡迎來到布達佩斯大飯店》（The Grand Budapest Hotel）獲奧斯卡最佳藝術指導獎。而我們在日常生活中的字畫對聯、對椅、對燈、餐盤用具、花卉瓶器、醬料調罐等，以成雙成對為佈置重點，就可以輕鬆擺出對稱的形式。

人類視覺最適應的
樣式,就是對稱,
因為整體顯得完
形、大方穩重。

對稱是一種秩序，是為了避免紊亂而發現的排列方法。雖然一個形象，物件很多，如果成雙出現又左右對稱，就有美感。

6 / 〔平衡〕 BALANCE

平衡分為兩種，一種是對稱式平衡，另一種是非對稱平行，指形式空間中各部分的重量感，在互為均衡中所形成的靜止現象，重量感並不是指實際重量，而是視覺所形成均衡的感覺。

「平衡」在視覺設計中，能為人們帶來安定舒適的心理感，如果能保持視覺的安定狀態時，即可產生平衡的美感。

就像圖例中，左側放置植物、瓷器、木架，明顯比右側物件鮮明，而右上角掛上一張深色的繪畫作品，卻平衡了彼此兩端的視覺體感，雖然繪畫作品圖面不大，但顏色很深，就足以平衡左側擺件的視覺重量，因此畫面感到舒適，視覺均等，不會有頭重腳輕的不平衡感。

當物件雜多紊亂時，不妨後退一點，讓物件跟自己有一些距離。如果要看清楚空間整體的平衡感，照相後再調整，是快速便利的方法。將三維空間的構圖轉成二維平面後，依據陳設佈置的平衡進行修正，也是檢視空間前後變化的小技巧。

平衡的美感,有時
候不見得跟物件的
形狀大小有關係,
而是視覺體感。

看似對稱的畫面，其實是由左側的法式編織木椅，
與木櫃上的藍色系展示品，變成平衡的美感，
在視覺體感上，左椅右瓶，便形成好看的平衡構圖。

7 / 〔**和諧**〕BALANCE

「和諧」亦有「調和」之意，是指將同性質或性質相似的事物融合在一起的安排方式，彼此之間雖有差異，但差異不大，仍能以近似的方式融合在一起，不會顯得突兀或是雜亂感很重。將「近似」的感覺做為一種歸納方式，物品擺放時，就可以從色彩、質感、功能等要素來考慮。

漢寶德在《談美感》一書提到：「在混亂中找到秩序，自紊亂中找到統一，就會激發我們的美感，這也就是和諧在美感中，居於核心位置的原因。眼見與耳聞的和諧是藝術美感而來，心意中的和諧是情思美感的由來，理念中的和諧是科學美感的由來。」

使物件在擺放之間彼此不雜亂，且善用秩序中的變化，需要看整體形象，才會知道畫面和諧與否，這是和諧所重視的「整體感」。那為什麼我們那麼渴望美呢？因為世上的萬千事物是雜亂無章的，所以讓人有感到困惑不安的心靈，而和諧、井然有序的感受，則提供了舒適安心的力量。美感被視為人文的素質，所以美之論者根據自己不同的經驗來界定的真義，其實都是正確的，能夠欣賞和諧美之細微末節，也是一種生活中的樂趣況味。

和諧的狀態，來自有秩
序、統一的放置，所以
有安定的意思。

和諧的氣氛、畫面,來自於整體的視覺效果,
所以需將空間裡的物件,視為連動而有關係的群體,並非單一元素。
和諧的脈絡來自材質、色調、層次感等互相協調的並置。

Photography: Wang chu

8 / 〔**對比**〕CONTRAST

對比的安排方式，也可以稱作「對照」，指將兩方具備極大差異現象，或性質完全相反的物件並置，產生對立或互相強調的鮮明感。

造型對比的要素分為兩種，其中一種是「質的對比」，如軟／硬、乾／濕、冷／暖、尖／鈍、直／曲、強／弱、光滑／粗糙等，對比的是質感觸覺的不同。另一種是「量的對比」，像是大／小、輕／重、高／低、厚／薄、寬／窄、凹／凸等，則是指視覺量體。

《構成》一書中說道：「要素性質越是對立，越會強化彼此不同的性格；極度強烈的對比，因造成緊張而不易調和；但過度柔弱，對比不足，也容易單調、乏味。」

對比的類型包括：形狀、份量、色彩、質地、方向的比較等，視覺上相對容易吸引人們的注目，可使造形充滿活力與動感，並產生較強烈之視覺效果。對比，也就是相反的意思，這說明了「對比」涵蓋特異性、帶有包容度，以及與眾不同的特性。

兩種不同方向的對比，
帶有強調的意味，例如
亮／暗、軟／硬、粗糙
／細膩等。

黃色與藍色的顏色對比，可以吸引人們的視覺焦點，
所以對比這樣的擺法，很適合做為端景、主視覺牆面，
達到居家重點裝飾的效果。

9 / 〔比例〕 PROPORTION

所謂「比例」是指部分與整體之間的關係，美感上的比例是講究各種
形式的變化，均衡的、對抗的、相似的，甚至是相異的比例美。

人類自古便追求理想的比例關係，古希臘數學家畢達哥拉斯（希臘
語：Πυθαγ ρας）認為數學可以解釋世界上的一切事物，他曾用數學
研究樂律，因而產生了「和諧」的概念，對後代哲學家有重大影響。

在古代希臘的建築及雕刻中，適當的比例被視為是美的代名詞．例如
著名的黃金比例，就是把一條線分割成大小兩段時，小段與大段的
長度比例，等於大段與全長的長度；而矩形中，若長與寬之比為1：
1.618，便是最具美感的矩形比例，這也讓現代美學因理解到比例對於
視覺調和的重要性，所以發展出相對應具有美感的關係。

大與小的比例、粗與細
的比例、構圖與視覺的
比例。

生活中有許多家具，可以透過觀察，來感受美感的比例，
例如桌燈、燈罩與燈座的比例；桌板與桌腳的比例、
色調分佈的比例、家具與空間之間的比例。

10 / 〔統一〕 UNITY

「統一」是在一個複雜的畫面中,尋找各部分的共通點,使陳設構圖不致於雜亂無章。這種尋找近似的統一調性——無論是在變化裡統一,或是統一中帶著美感形式的變化,都可以增添視覺層次的豐富度。仔細觀察物件、「尋找共通點」,試著表現出來,就是統一形式的原理。

統一,也是讓視覺化繁為簡的一種方式,因為有協調的視覺感受,所以無關物件的數量多寡,而是把物品的某一項相同的條件,連結在一起。例如色調、大小、材質、功能、形狀等,假設都是相同或相近的情況下,皆可以成為統一視覺美感的元素。像是同樣同款的餐具樣式,使餐桌擺件統一,與相同材質的家具擺放在一起後,也會有具整體性的視覺感受。

最明顯的統一感,就是色調跟材質了,只要把相同條件的物品,或是材質質感相近的物件擺在一起,即可以產生統一感。就算是以「功能性」作為區分,也可以呈現統一的感受,例如收納屬於工作會用到的文具、工具等,或者所有跟飲食有關的物件都收放在餐廳及廚房區等,無論是以「外觀性」或是「功能性」來歸納分類物件,學會分類,領略統一的原則,才有辦法尋找物件彼此的關連性。

依據物件共通性，將顏
色、形狀、功能和材質
等，匯集成一件相同調
性的事。

材質上的統一：藤竹、編織物、紙質。
色調上的統一：褐色、米色、橘色。

③ 擺放練習題：靜物的場景

我們為何要透過練習擺放物件，來展現屬於自己的生活風格？居家佈置除了美感需求，還有什麼樣的原因，讓居家陳設成為全球趨之若鶩的現象？

「不要在自己家中，放置你不知道是否有用的東西，或是任何你覺得不美的東西。」十八世紀主導美術工藝運動（Art & Craft Movement）的設計師威廉·莫里斯（William Morris）曾這麼說道。這句話有點誇大了，但莫里斯被稱作現代設計之父，認為藝術是平民可以承受的、手工的、誠實的，而非貴族專屬的，所以環境之美，就是把實用之美帶進自己的家，對我們來說，有著社交和精神上的意義。

《Hygge 丹麥幸福學》[21]（The book of Hygge: The Danish art of living well）一書提到：「做工精良的東西，會將它們自身的豐富與完整性注入我們生活當中。而且造型簡單的手工製品也帶有一種魔法，讓我們在使用的時候，可以感覺到它們與我們的情感和心靈狀態交互影響。藉由觸摸這些東西，我們開啟自己身上簡單的可能性，碰觸到工匠的生命。」

《荀子》中曾提及：「積行成習，積習成性。」我們的生活習慣，隨著時間逐漸外化為週遭的生活環境，所以佈置生活，就是練習內心修

---

[21] 《Hygge 丹麥幸福學》（The book of Hygge: The Danish art of living well），Louisa Thomsen Brits 著，麥浩斯出版，2017 年。

養之美。當我們練習擺設，在生活中持之以恆，不厭其煩地練習、提升經驗、在維持美觀的居家佈置時，同時也能療癒心靈，沉澱下來，讓心浸潤如靜物般，享受更美好的生活環境。

美國普立茲獎作家安妮‧迪拉德（Annie Dillard）：
「我們度過日常生活的方式，當然，就是我們度過一輩子的方法。」

〔陳設的原則〕

生活雜物讓家裡混亂不堪，但想要待在更舒適的空間，要怎麼樣佈置才能把家裡弄得整齊？我們該如何好好整理，才能創造兼具美觀與實用舒適的居家環境？接下來的五個步驟，就可以幫助你把家裡佈置得煥然一新！好好的構思改造需求、整理居家物品和升級舒適的生活品質，其實是很簡單就做得到的。

Step 1. 空間目的

一個空間如果沒有明確的定義，生活用品就無法被歸類。可以把空間裡想要做的事情，制定一個規劃，即使是同一個小房間，也可以想像成「入口的區域」、「更衣的區域」、「工作的區域」、「睡覺的區域」。這樣一來，才能將日常生活小物，依照功能收納回原來的位子，有了定義後，更可以為生活增加順手度、歸屬感。

Step 2. 物品歸類

把東西物件通通攤開來，將相同物品一併歸類，例如角落裡幾乎不會用到的小物、混亂的衣櫥、上下堆疊的鞋子，還有很久沒看的書，全部拿到客廳或是比較大的地方，先收大類，再分細節，細節又可以分為「有使用與無使用」、「丟棄與留下」，「展示或收藏起來」等。

Step 3.　清除整潔

清潔是美感的初階，整潔為秩序的動力；家是人們生活習慣的縮影，只要改變家中環境，自然會影響到人們的生活，也就是會改變生活習慣。有些人偏向維持原狀，不喜歡改變，因此要改革的部分就難以進行，但是想要乾淨整潔之心人皆有之，把東西移出來之後，進行打掃的整潔工作，順便檢視不常使用的空間，想像未來佈置的居家陳設氣氛，點上香氛放著音樂，就能給自己舒適的做事空間。

Step 4.　執行改變

許多經驗都告訴我們，有時候只要改變家具位置，原本的環境就不可思議地變得舒適了。這時可以從陳設風格、空間動線、家具材質、牆壁顏色、窗簾地毯等面向變化改善，並且會發現，原來有時不是家具擺件挑的不好，而是放錯了位置。

例如想要「一覺醒來就感到清爽光明、感到一天都很愉快的臥室」，就可以檢視「清爽」在空間中的定義，你的臥室雜物多嗎？有可透光的淺色窗簾嗎？家具擺設是否都很理想？將乾淨素雅、無累贅雜物的居家需求化為想像，且透過搜尋網路圖片、尋找合適的佈置風格，也是很好的辦法。試著想像「想要成為的藍圖」，再對比與現況的不同，進而找到問題加以改善優化。

Step 5. 點綴裝飾

當我們已經把家中雜物去除，打掃乾淨、家具擺設好，接下來就是營造氛圍的時刻了！這是一個由大入小，從整體進行到細節的部分，細節的意思是「在細小之處卻更用心的地方」，例如花藝植栽、居家裝飾、生活織品、照明方式、窗簾花色和各種日常用物的搭配等。居家佈置的裝飾性是為了美化環境，讓人們在日常中體會生活的愉快，所以在選擇裝飾性的生活道具時，也需要有恰到好處的物件。

上色是一種點綴加分的美感創造，另外也可以將物品分為「使用物件」、「展示物件」、「不需要展示的物件」、「可以丟棄的物件」等，能知道不是什麼東西都擺出來才好看而費盡巧思地擺設，也在訓練創造型思考的能力。

在細小處花時間佈置，讓空間有了細節，就有了氣氛。建立「清除，改變，上色」的陳設三觀，就能了解改造居家的方法。

Photography: KyleYu Photo Studio

所謂畫龍點睛，是由大環境觀察小細節，大局底定後，才做「裝飾點綴」的收尾動作。

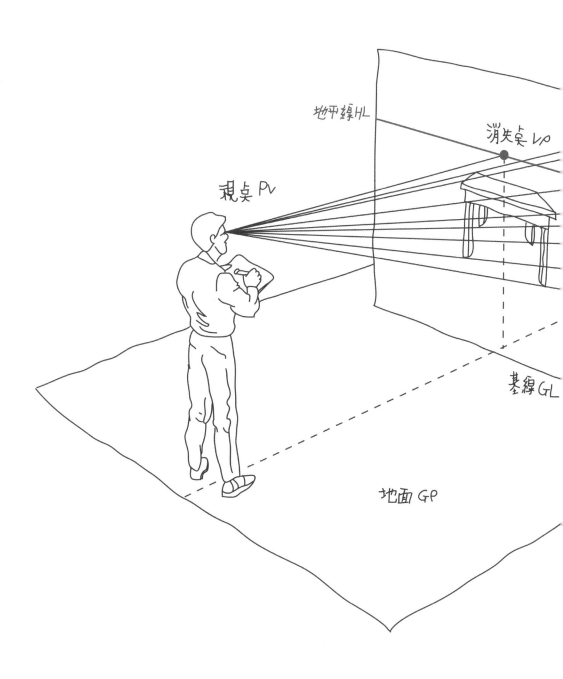

地平線HL

消失點 VP

視點 PV

基線 GL

地面 GP

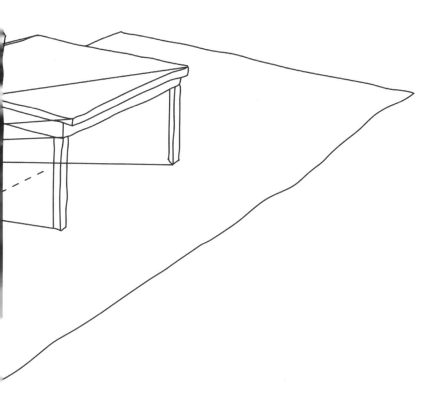

透視圖般的擺法，通常較有空間層次感。
運用靜物構圖思考遠近、位置，讓視覺效果來展現更豐富的佈置場景！

松菸「好家在台灣」展場設計圖

當我們的視角從空間的左右側看就是「左右視圖」，
正面看就是「立面圖」，直視所見就叫做「透視圖」。

左視圖　　　　　　　　　　室外立面圖　　　　　　　　　右視圖
Left View　　　→　　　　Elevation　　　→　　　Right View

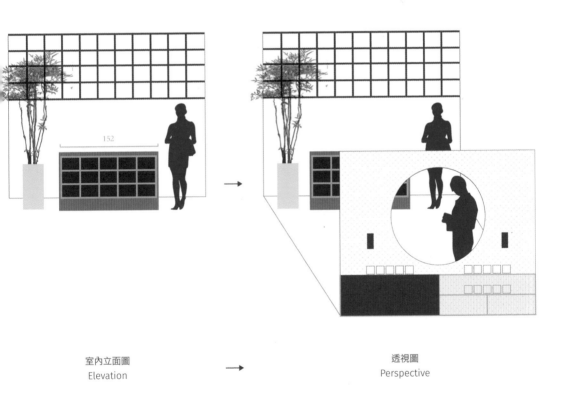

室內立面圖
Elevation

透視圖
Perspective

敦南誠品｜老派驚喜 · 名人老物寓所

Art Direction：Seclusion of Sage
Project Manager：Lsy sophie

高的物件往後擺，小的物件擺前面，就不會擋住物件輪廓。
前近（小）後遠（大）的層次效果，在擺放物件上更能建立空間感。

〔靜物般的平面構成〕

「三維空間」在日常生活中可指由長、寬、高三個維度所構成的空間。先前我們提到陳設是由「人、物、空間」三要素構成,當我們希望把物件放到空間裡,例如家具佈置、商場規劃、櫥窗設計、婚禮佈置等,第一個步驟,就是了解實體尺寸,也是能在設計圖紙上規劃出來最基本的要件。一個物件的量體,是由長度、寬度、高度測量出來的,也就是一個物件會有正面、左側、右側、背面、上視角、下視角總共六個方向的總和。

我們的視角從上方往下看就是「平面圖」,正面看就是「立面圖」,當視覺角度看到什麼就畫什麼,叫做「透視圖」。日本視覺營銷協會中制定了「一點透視圖」為初級考試的試題,對於透視圖的概念可以從英文「perspective drawing」理解,「perspective」也指「觀點、看法」。

透視概念之所以重要,是因為它相對有「觀者」的視角。人類從一出生睜開眼睛,所見所聞的畫面就是一點透視圖,這是人們觀看事物最習慣的視覺角度,所以透視圖等於畫面的實際寫照。

立體空間的物件,很容易被周遭環境影響,一開始,可以把看見的物件拍照下來,當眼睛看到的空間被平面地截取下來,更容易看清楚細節方向。

基本的陳設構成：三角構成、左右對稱構成、左右非對稱構成和重複性構成。
以四種基礎構成為例，示意日常生活中實用的擺設法。

01 三角構成
透視感、安定感、層次感

三角構圖是最基本的構成方式，練習時，可以使用大、中、小三樣物品來擺放，透過放在前、中、後的位置，讓視覺有透視感受，進而創造出空間感。物件彼此不會遮住觀賞視線，建立空間感，是三角構圖的視覺重點。

02 左右對稱構成
穩重感、正式感、整潔感、和諧感

對稱是一種視覺的平衡感，有時候是左右鏡射，有時候是心理上視覺量體達到平衡的感覺。左右對稱，帶給人穩重安定的感覺，對稱也包含秩序、整齊、清爽、統一的感覺。在家飾方面，例如對燈、對鏡、對椅、對軸、成雙成對的排序，也容易製造左右對稱的構圖。

03 左右非對稱構成
生活感、平衡感、時髦感、藝術感

有著不同大小，不同款式的物件群們，依然可以擺放的很平衡。左右非對稱構成，乍看之下很隨性，但有著高低起伏的擺放層次，更加重視整體一致、均勻平衡的美感原理。非對稱構圖中，有著對稱的排序，因此也會覺得協調，不致於有雜亂無章的感受。

04 重複性構成
販售感、系列感、親民感、現代感

居家擺設中，最容易重複的物件，大至餐具杯盤、喜好收藏、家庭雜物，小至浴室牙刷，通常不會只有一個物件，但又具有相同的條件（同色、同系列、同款式、同類別等）擺放在一起。當整齊地排列物件，就有重複性構成的美感，也容易有一種商品展示的系列感。

〔不同數量的靜物擺放練習〕

構成的類別，取決於繁複，或是簡約。例如從單一物件開始，當數量依序增加的時候，陳列技法也會有所變化。

一件：只有一樣物件展示，表示是有價值的或是獨一無二的物件，為了襯托其珍貴，可以搭配適合的道具，例如玻璃鐘罩、底座、畫框、展示台等，都具有「寶物」、「藝術品」、「收藏」、「被珍視」的意味。

二件：「對稱」是人類視覺最容易接受的畫面，因為對稱有著平衡的穩定感，基本上中式家具擺法皆屬於對稱的擺設，穩重大器。兩件以上的物件，擺在一起就有關聯，所以擺放物件可以從對稱開始練習。

三件：只要有二件以上的物件，構圖就繁複多了，這時只要用最基本的三角形構圖，就能完成具有美感的佈置。例如三個東西平放在同一條平行線上，或是兩個靠近一點，一個放遠一點，製造「關係」的感覺：又或者是前後擺放，製造「透視感」、前小後大的構圖感，都會達到平衡的視覺效果。

四件：四件物品也可看作兩雙，我們可以看到這邊已經可以使用幾種不同的技法了，我們可以將四樣物件看成「1+1+1+1重複」、「2+2對稱」，或是「3+1非對稱」的三種構圖概念，產生多種陳列變化。

五件： 五件的元素開始有了更多的選擇，因為這是一個有量的單數，五件物品的相同度如果很高，視覺就看起來還不會那麼雜亂，但是如果五件商品大小不同的時候，則可能需要開始為它們做搭配，例如看作「2+3」，調配一下份量的輕重、彼此構圖的相互關係，或是利用道具去引述它們之間彼此的關係，把主題串連起來。

六件： 六件的擺設方式，可以看成「2+2+2重複」或是「3+3對稱」，複數陳列的好處是，相對應的數量可以很自然得到有秩序的感覺，因為對稱是一種舒適的視覺構圖，人腦自然地對完整圖形有視覺好感，因此穩定的構圖及數量也是一種呈現的方式。

六件以上的數量，其規則原理也大致相同，七件物品的陳列可以參考成雙或三樣的混合技法，或是參照五件的單數概念，八件等於四件X2，或是成雙X4，以此類推，這樣的計算方式並非固定的標準答案，在陳列的邏輯中，利用歸納與編制讓眾多物件被快速釐清，是一種自然而然的整合反應。

一件
使用展示台、桌墊、玻璃罩等，
可增添單品物件價值感。

二件
對稱是視覺比較容易接受的畫面，
因為有平衡的穩定感。

三件
三角形構圖，製造前小後大的透視
感，達到平衡的效果。

四件

可以將四樣物件看成 1 的重複、
2+2 對稱，或是 3+1 搭配。

五件

基數時可以調配一下彼此的構圖，
找出主從的輕重關係。

六件

多件陳列，需要掌握主從關係的
相互平衡，而不顯得凌亂。

【第五章】

案例：
居家佈置的自我改造

① 客廳：機能 - 家具搭配

〔 LESSON 1 〕
Green's House

充滿活力的綠意之家

牙醫哥哥與父母、妹妹
同住的嶄新空間

Photography : KyleYu Photo Studio

陳設美好的生活 The Pursuit of A Better Life

01. DETAIL
入口玄關是第一印象

這間新落成的二代同堂公寓，大量採用木質肌理，散發美式風格。地面利用不同拼接的木板顏色，來區隔玄關與室內的不同，因為玄關是人們進入房子，映入眼簾的第一印象。

玄關適合保持整齊、明亮乾淨，將有助於心情上的神清氣爽，是一個「出與入」的過渡空間。在日本，一進到屋內的玄關，或是經過「落塵區」，顧名思義就是室內與室外的一種隔離與改變。

客廳一般常連著玄關入口，跟「出門」有關的物件，就時常會被放置於門口處。沒有規劃玄關的客廳，比較容易混淆室外進入室內的過程。如果沒有準備收納空間，在這裡放置外出物件、鞋子和雨傘等生活道具，會顯得特別凌亂，因此注重玄關是創造客廳機能的第一要點。

- 改變陳設前，檢查玄關必要的物品，例如鞋、傘、鑰匙等，將不必要的雜物歸放原處。
- 人們會需要坐著穿脫鞋子，所以空間足夠的話，準備張穿鞋椅也比較方便又安全。
- 恰當地妝點室內植物或擺件，也可以營造一進門的美好小空間。
- 立刻見效的改變：看似雜亂的玄關物件，只要好好被收納，也能讓空間煥然一新。

BEFORE 佈置前

AFTER 佈置後

02. DETAIL
客廳動線不適合堆疊雜物

對於許多家庭來說，客廳的功能等於起居室，習慣待在客廳活動，就
容易將生活道具都放得離座位很近，以利使用。但是對於客廳的機能
性來說，每一樣物件都應該有各自的歸處，才不致於顯得凌亂無章，
例如鞋子、垃圾桶、指甲剪、文具雜物等生活道具，用完後就應該物
歸原位。

將雜物收納清楚後，讓客廳保持明亮通風的格局，如果有窗戶，則可
引進自然光，在白天的時候就能感受到日光照射。白日無需開燈、有
自然光的空間，便能讓人在視覺上感受到舒適，環境顯得更加清爽。

BEFORE 佈置前

- 客廳的功能是相聚、休憩、閱讀、和家人親友談天說地的交流場域。
- 常用的生活用具就放比較顯眼的地方，少用的用具就收納起來。
- 客廳沙發的動線位置，會影響與客人對話交流的順暢度。
- 適當的空間留白，可以給視覺一個休息的地方，減少視覺疲勞的困擾。

AFTER 佈置後

03. DETAIL
家具色系不宜過多

在空間中簡化過多的顏色，可以讓視覺感到舒適，因為辨識過多種顏色，對視覺判讀來說是一種容易疲憊的狀態。所以會建議搭配家具時，不要有太多色系，一般來說基本色調、搭配色調與點綴色調，三種色系已經很足夠搭配使用。

在客廳中，面積最大的家具應該就是沙發了，通常沙發材質與色調很容易成為整間客廳的主要風格，再加上地面建材、天花板、牆面、窗簾顏色等，會佔掉大部份室內色系，因此放置的裝飾品、主人椅、壁面掛畫等，仍以地面木色及牆面綠色為主色調來做搭配，將眼花撩亂的彩色除去後，就顯得較為舒適。

● 簡化室內的顏色種類，以不超過三種色系為主。
● 客廳若有落地窗、窗戶等透光裝置，可以善加利用自然光營造舒適感。
● 即便取用生活用具有段距離，物件仍應放回原處，不要因貪圖便利而隨意堆放。
● 客廳是與家人親友交流談天的好地方，順暢的動線可以促進愉快的相處時光。

BEFORE 佈置前

AFTER 佈置後

陳設美好的生活 The Pursuit of A Better Life

Peacock Room

惠斯勒的孔雀廳

充滿藏品的異國情調，
神祕華麗的待客之廳

Photography : Wang chu

舊木家具的歷代時光、展示收藏，有著青花的絢麗、色彩斑斕的原石。茗茶、
況味、生活與藝術的收藏家，將文化與茶香牽絆在一起，與周遭合而為一。

來自茶行老闆本身的收藏,
中西折衷的靜謐氛圍。

充滿神祕情調的客廳搭配

此案靈感來自於十九世紀美國的藝術家詹姆斯・惠斯勒（James Abbott McNeill Whistler）創作的油畫《孔雀廳》（The Peacock Room）[22]。

這是一座位於員林的獨棟建築，一樓為主人展示收藏的招待客廳，在這裡將繪漆屏風放置於洗手間之前，有阻擋穢氣及展示的功能。客廳同樣為招待廳，可以瀏覽各種精心收藏的物品：大正昭和的家具、齊本德風格[23]掛鏡，富涵中國藏品的異國情調，加上飽和濃烈的色彩，能巧妙地描述主人之奇思妙想。

原本就已完成的靛藍色壁面，加上帶有熱帶氣息的叢林壁紙，讓空間非常地顯眼、具有風格，接著將能夠搭配「靛藍色」的色彩材質做成計畫，並以惠斯勒具東方情調的孔雀廳為靈感，建構出屬於主人翁的東方世界。

[22] 原名《藍色與金色的和諧：孔雀廳》（Harmony in Blue and Gold：The Peacock Room），是詹姆斯・惠斯勒於 1876～1877 年的創作。
[23] 齊本德風格設計融合哥德式、中國風和洛可可風等細節。

BEFORE
佈置前

AFTER
佈置後

- 圓桌擺在中心位置就像圓環一樣，視覺上比起稜角方桌來的柔和一點。
- 因為空間元素繁複，所以桌上放置較大型的蝴蝶蘭，比較不會被背景掩蓋掉。
- 一入口就看見浴廁會使觀感不佳，這裡適合以屏風或布簾來作為活動隔簾。
- 客廳中有廚房入口的話，也建議使用門簾遮蔽，美觀且實用。

做出開放客廳的層次感

通常一眼就能看到全部空間的格局，就必須要考慮建構空間的層次感。一眼望透沒有不好，就是少了點蜿蜒的趣意。

接近日光的窗邊位置擺上四人木桌椅，可以創造享用早午餐的期待！再利用波斯地毯來做出地面的場域感，能與地板質料有所區隔，接著就是使用繪漆花鳥屏風與洗手間做出隔斷效果，阻擋穢氣，實際劃分空間功能。

在家具的選擇上，這次使用木質色系的材質，因為褐色與壁面的靛藍色屬對比的互補色，會讓整體色調顯得更鮮明，木質與地板屬同色系也不干擾視覺！接下來就是補上客廳的層次感，即使是開放無隔間的客廳場域，也能利用家具創造出具有實用與美觀的機能與動線。

- 入口進門即看見浴廁、洗手間的話，可以使用門簾或其他方式遮擋起來。
- 除了裝上軌道燈來打亮客廳的收藏，一般吊燈也可改成軌道使用。
- 用前低後高的方式擺放家具，可以避免遮擋觀看物件的視線，在視覺上就會有舒服的層次感。
- 屏風是隔障好物，有藤編、繪漆、竹木編織等多材樣貌，且易收納折疊。

BEFORE　佈置前

AFTER　佈置後

03. DETAIL
特別強調房屋的優勢重點

《實存、空間、建築》一書提到:「人類對空間的興趣有其生存上的根源。這似乎起源於人想在環境中掌握真實關係的需求。」

這個道理讓人們理解居家陳設的本質,是為了幫助人們優化生活品質,因此在居住的空間上,去發掘房屋本身優勢,有其重要性。

在陳列佈置中,有著凸顯優勢的特性,畢竟通風、光線、濕度或任何的生存條件,可能都與我們擺放的方式有關係。古代風水中的五行,就是依據自然現象中陽光、空氣、水等條件對於生活健康的影響,所整理出來的見解。因此,光線、通風、水氣(可能會影響家具變質),也是居家陳列佈置需要被重視的一環。

- 明亮與通風是居家健康安全的要點,擺設品需要被定期清潔灰塵。
- 牆面掛上鏡子做為裝飾品,有許多樣式可選擇,還有擴大空間的效果。
- 含有門片的櫃型層架可一物兩用,門片內可收納雜物,層架則適合展示收藏。
- 用材質、顏色、風格去統一物件之間的關聯,即使物件混搭看起來還是很順眼。

BEFORE 佈置前

AFTER 佈置後

〔LESSON 3〕

9 Floor
Co-Living Apartment

家具位置的變換魔法

與來自各地的朋友齊聚一堂

Photography : Jane Chung

陳設美好的生活 The Pursuit of A Better Life

01. DETAIL
改變家具位置與統一色調

一道隔開兩戶的中間水泥牆，創造了不同功能的領域，既是隔間也是連結。當眾多不同性格的室友齊聚一堂，在空間中可以如何彼此照應？如何區別獨立空間與共享世界？

看似混亂的擺放，也可以被整理歸類，變成乾淨又舒適的空間。整齊可由「秩序」的感覺而來，所以無需添購家具或改變空間色調，只要把公共桌換到靠牆位置，調整到舒適的距離，再將桌椅顏色統一，空間就充滿清爽感了。

BEFORE 佈置前

- 從平面圖尺寸看格局，比較能掌握家具之於空間的尺寸，以及該如何改變位置。
- 利用重複的擺法技巧，使桌椅、桌燈、海報等呈現重複的秩序感。
- 統一色調：桌椅、桌燈選擇黑白灰色，牆面與地面為土黃色系，並以灰藍色畫作點綴。
- 增加室內植物的擺設，讓空間更有生命力。可以留一面空牆，給視覺一些空間看畫休息。

AFTER 佈置後

02. DETAIL
雜物的歸類擺放

即使空間整理的很乾淨，一同居住的人們如果沒有公共空間的
概念，便很容易將私人物品無意識地擺放，但是這樣的生活習
慣很有可能影響到其他人；即便是家人之間，也應該將私人物
品放回房間，並把物品以功能性歸納、區隔位置，較為常用的
物品可放置於近一點的櫃體裡，較為少用的物品，則放在不常
用的空間。在寸土寸金的室內，空間不應該被雜物佔用。

生活中常用之物品大約有兩成是必須品，其他物件則為不需
要、也不會影響生存的東西，兩成的需要品聽起來很少，所以
只要好好將物件用品分類歸納，利用統一與秩序的安排，即使
日常用物繁複多樣，視覺上也不會感覺雜亂。

● 客廳與玄關連結時，可以規劃放置雨傘、室內鞋、室外鞋的擺放區隔。
● 格子櫃非常好用，但當沒有門片遮擋時，還是要考慮視覺的整齊感。
● 為了製造走道動線，因此改變了書桌位置，同時也將灰色牆面顯露出來。
● 讓雜物有固定的地方放置，積行成習，以提升生活品質。

BEFORE 佈置前

AFTER 佈置後

03. DETAIL
自然光景與都市景觀之間

對於居家環境來說，自然光與通風感是最重要的了，因為這關乎身體健康。但是都市景觀欠佳，就算有自然的光線照射讓白天不用開燈，仍然無法讓人放鬆享受好看的景緻，像是這個案例的落地窗剛好在加油站前，就可以掛上透光性佳的窗簾織品，例如棉麻、平織布等可以透過光線的質料，以素色融入環境，整體視覺效果就會改善。

BEFORE 佈置前

● 窗簾的主要機能是調節光線、溫度、聲音和視線，而裝飾性也值得重視。
● 窗簾的類型很多，例如掀簾、捲簾、定幅簾[24]、掛耳簾、風琴簾、百頁簾等。
● 窗簾用料計算方式：窗簾軌道 × 遮幅 ÷ 幅寬＝用幅數／簾全長 × 用幅數＝全簾用料數。
● 有掛勾式、護幔式、拉門式、吊拉式、捲簾式、直拉式、百頁式、抽褶式等懸掛方式。

AFTER 佈置後

[24] 固定寬度的窗簾。

〔LESSON 1〕
Linyi St. Apartment

充滿人文氣息的用餐時光

現代、木料、泥作、字畫、花藝間

Photography : KyleYu Photo Studio

01. DETAIL
裝飾簡約的美味時光

素材是有表情的，此種室內風格偏向木質、水泥的合奏，讓人
聯想到自然、簡約與一位個性內斂的主人。配合室內結構的動
線，於是挑選了在視覺上會感到輕盈的家具，例如有穿透性質
的金屬鏤空餐椅、在空間中更輕化視覺量體。

同樣是木質餐桌，便會與木質環境融合；空間中想要多一點情
感的表現，於是增加點綴色，搭配藏藍色餐桌織品，雖然視覺
面積不大，卻得到畫龍點睛的效果，使餐廳氣氛有更溫暖與細
膩的感受。

● 室內風格設計等於是主人內心的寫照，合適的風格比流行趨勢來得耐看、重要。
● 蘭花帶有東方情懷的意境，白色蘭花搭配房屋的黑灰白，減少視覺上的色彩干擾。
● 裝飾物不追求多，搭配空間中多數的類似材質，例如木製花器、透明器皿，能營造低調的氛圍。
● 以兩件物品做一組合，例如大型加中型花器、一前一後地擺放會有透視與層次感。

BEFORE 佈置前

AFTER 佈置後

02. DETAIL
凝聚餐桌上的愉快氣氛

為什麼餐廳很適合用吊燈呢？因為人們總是坐在一起，圍著燈光用餐，而且吊燈在造型上通常有凝聚、圍繞的氣氛感。吊燈與視平線等平的話，約離桌面45～50公分左右，想要吊燈較高可以離桌面65～70公分。

餐桌的擺放位置相當重要，因為能與家人一起吃飯是很幸福的事，人們在餐桌上彼此談天與分享美食，能增添家人間的情感交流，所以千萬不要輕易忽視餐桌的擺放位置。

BEFORE 佈置前

- 選擇餐廳的吊燈明亮度，要觀察適合的流明度，不要太過光亮或色溫過白，會干擾食慾。
- 居家織品既實用又美觀，例如餐桌布可以隨季節更換顏色，還能增加餐桌的層次。
- 想要有整齊感，就不宜混用過多不同款式花色的餐具，避免有眼花撩亂的感覺。
- 在餐桌上不阻礙吃飯的地方，擺上一盆小花，顯得浪漫又美觀。

AFTER　佈置後

03. DETAIL
合適的餐廳陳列佈置

一般來說，餐廳大部分連結著廚房或是距離很近，因此，廚房裡的油煙、水氣、火源，都是需要注意安全的地方，尤其是想要妝點此處時，更要想像會遇到的處境，例如掛畫放在廚房餐廳，可能就需要定期擦拭油煙灰塵，邏輯上也不會在廚房內置放紙品類的易燃物；但是在廚房或餐廳掛上時鐘，是為了料理時方便觀察時間，這就是合理的擺飾。甚至對西方世界來說，在餐廳掛上鏡子猶如獲得雙倍食物的吉祥寓意，也可參考。

● 關於餐廳的擺件，應該簡約美觀不影響動線，避免端菜時出現動線不順的危險。
● 料理區需要明亮充足的作業光線，可以使用屬於藍色調的白光，用餐區則搭配黃光色調較為柔和。
● 餐桌區位置需慎選，因為通風明亮、寬敞舒適的地方，會影響用餐的食慾、健康。
● 如果餐桌上擺的是插水花瓶，建議可以滴一滴漂白水延長花期，因為水質不容易變質生菌。

BEFORE 佈置前

AFTER 佈置後

Chez Moi

來辦個派對聚會吧!

繽紛的戶外聚會,
充滿熱鬧氣氛

Photography : Jennifer Tzeng

01. DETAIL
用植物花卉等自然材料裝飾

台灣是國際有名種植花卉的亞熱帶島國，想跟朋友來一場愉快的家庭聚會，又擔心有場地限制嗎？如果將聚會場景搬到了戶外席地而坐的用餐區，就可以隨時迎接眾多前來的友人！在室外明亮的地方，以花材佈置用餐區，可以用一個假日上午在花市買到新鮮大把的切花。空間佈置的材料非常地簡單，只要有美食美酒，繽紛亮麗的花卉水果點綴，就能擁有派對時光！

花卉植物可選購切花（已經剪下的花枝）、盆花（還種在培養土裡的植物），而選購當季的花材，會最好看且價格便宜。

- 室內風格設計等於是主人內心的寫照，個人品味比流行趨勢來得更有氛圍。
- 想要東方情懷的意境，選擇當季花材，讓藍色調與黃橘色調，作為主題的對比色。
- 戶外聚餐的天氣不定，像易碎的瓷器燈座，可以用細鐵絲拴著以免被風吹倒。
- 想要運用當季花材，可以早晨去花市採買鮮花，因為既多選擇、花卉外型鮮豔欲滴且價格親民。

植物花卉水果，可以毫無違和地跟食物擺設結合在一起，因為會產生一種天然新鮮食材的聯想。
裝盛食物的容器可以朝自然材質的方向挑選，並利用烘焙紙搭配編織籃子，成為麵包的容器等。

02. DETAIL
座位高度與用餐氣氛

用餐的座位高度與氣氛有很大的關聯性，例如一般餐桌高度約
73～76公分，椅高約為43公分，令人較容易有正襟危坐的姿
勢。席地而坐有一種自然、自在的隨性感，可以營造自由入座
的感覺，會帶給來訪客人更加親密的氣氛，並能輕鬆愉快地圍
繞美食。

這次使用的桌面，剛好是桌腳可以分離的法國古董桌板，質感
深沉穩重，加上日常用物藤籃做為底座，是很好運用的搭配。

- 改變家具家飾的擺放時，穩固安全是第一要件，其次是美觀上的佈置。
- 在戶外用餐時，可以多利用天然材質的擺飾，例如編織餐墊，會更有大自然風味。
- 想要與友人有用餐的儀式感時，可以準備相同餐具、搭配水杯與高酒杯更有層次。
- 客人用的坐墊有平日好收納的特色，日本量販店、連鎖家具店都有許多親民的價格選擇。

03. DETAIL
細膩有趣的餐盤擺飾

岩盤，顧名思義就是像石材的盤子，把食物放在上面，會有種自然原始的素材表情，日本料理就常以此凸顯食材的新鮮珍貴。餐具盤是為了裝盛食材，相對的就表示能夠裝盛的面、盤、盒等都能善加利用。各式各樣的餐盤餐具，有很多能襯托料理的素材，但常被人們忽略。食材料理有色香味，自然與餐盤之間也有合適與不合適的材質感受。

- 藍莓之類的小果實，擺放在信手捻來的青花瓷器盒裡，既可觀賞又可食用。
- 巧妙地使用其他容器、花葉材當成餐盤的話，要先清潔乾淨，確保衛生。
- 成套的餐具有統一感，不但排列起來整齊，也有一種專業的用餐儀式感。
- 以葉片取代餐巾墊。生活的小細節，用小巧思做變化，就顯得很有趣。

〔LESSON 3〕
Hi, good morning.

早晨的溫馨餐桌

讓食材水果成為裝飾的魔法

Photography : Jennifer Tzeng

01. DETAIL
適合餐桌的居家擺件

想要溫馨的餐桌空間，該挑選什麼樣的家飾選品？簡單形式的無垢材餐桌、充滿法式風情的優雅餐椅、萬用百搭的實木轉角櫃，都能製造出飽餐飯後可舒適閒聊的氣氛、與家人共度的美味時光。

可以在牆面上懸掛簡單的裝飾物，或是使用鏡面來擴展空間效果，既有雙倍豐盛食物的意思，也可以擴大視覺上的空間。桌面上擺上鮮黃色的文心蘭作為點綴色，凸顯更有活力的自然光氣氛，也襯托留白的牆面、家具的木質色調，讓餐桌風景自然乾淨又舒適。

- 餐桌的機能性是用餐，因此雜物較適合放進櫥櫃，保持桌面乾淨整潔。
- 餐桌前擺放鏡面裝飾，在西方國家是一種吉祥寓意，表示雙倍豐盛，衣食無虞。
- 盡量減少放置跟飲食無關的生活雜物，專心地好好用餐，就是好好生活。
- 餐具櫥櫃可考慮有門片的設計，將雜物歸納好後，門片遮擋會讓視覺上更顯簡約整齊。

藤編布墊原木餐椅、木質三層轉角架、木質檯燈、雕塑作品，都是同類型的材質。
水晶玻璃花器具有透明感，搭配文心蘭，可以創造出和諧之美。

02. DETAIL
新鮮的水果花卉就是裝飾品

如果有些水果不用放在冰箱，不妨使用具自然材質、透氣的編織容器裝盛，一來可以有保存的功能，二來其實繽紛色澤的水果們，就已經是相當好看的點綴品了！在餐桌上經常看著，也會增加想要食用的次數，對健康有益，在擺飾上就更有意義了。

水果不只是好看而已，兼顧實用性與美觀性，對居家生活有提升品質的效果，也能達到居家陳列佈置的趣味與目的性。所以隨手可得的小道具，是最好的裝飾品。

● 單色而清爽的餐具色彩是比較百搭的選擇，因為食材顏色種類多時，可以減少干擾感。

● 不知道如何搭配餐具時，購買整套的組合也是一種方式，因為會有完整的系列感。

● 餐具選擇適合與食材搭配的色系，注重細節、不怕麻煩，亦能創造生活裡的陳設樂趣。

● 餐桌除了用餐功能之外，維持平日的整潔，亦適合談天或閱讀等生活型態。

03. DETAIL
餐桌的動線規劃

一般居家空間中，沒有餐桌的情況不在少數，在客廳茶几用餐的情況也很常見。餐桌的功能，首先必須符合人因工學，因為恰當的用餐尺寸，容易影響到人們交流的場域；沒有餐桌或餐桌面積不足的家庭中，可能在用餐時間是分散地食用，例如自己的房間或其他桌面。所以動線往往影響著人們的生活習慣，當然也可以利用動線改變生活的型態。

去注重餐桌的擺放位置與擺設，是在生活中最平凡不過的一件小事，但也由於重視了這樣的小事，而得到了日常裡無形的價值，那肯定是除了環境變美觀之外，生活品質也跟著改善。

● 餐桌，代表聚集、團聚與相處，所以重視家人團聚時光的話，千萬不要疏忽其舒適度。
● 怎樣的餐桌容易感覺舒適？乾淨清爽，佈置恰當，增加美味的聯想度。
● 為什麼餐桌適合天然材質？因為食材花卉也取自大自然，不用刻意安排就會非常和諧。
● 當季的蔬菜、花卉、果實都是最美的，仔細觀察生活才有辦法去營造日常的美感。

③ 臥室：色調－顏色搭配

〔LESSON 1〕

Living Plan

有貓的紅色房間

利用改變顏色的方式，
轉換煩躁的心情

Photography : Wang chu

紅色房間變成綠色房間

一開始的臥室顏色，就是彩度最高的紅色，在視覺上容易影響心情，透過改變臥室顏色，讓空間色系變得好搭，就能創造舒服、溫和的感覺。利用牆面在視覺中佔大面積的特色，漆上委託人喜歡的復古綠色調，家具上保留委託人最喜歡的書桌與原木地板，加上原本就有的許多公仔收藏，佈置上就不須添購任何裝飾物件，只要改變色彩，就是立即見效的改造方式！

● 彩度過高的顏色，會使視覺疲憊，不耐久看，因此可以局部粉刷做點綴。
● 顏色也有前進後退的效果，藍色空間看來最大，而紅色看起來最小。
● 粉刷油漆的材料與工具，已經非常進步，自行油漆變得更容易上手。
● 原本紅色牆面很難搭配家飾，換成復古綠就溫和多了，與木質家具也更搭配。

BEFORE 佈置前

AFTER 佈置後

02. DETAIL
調換床頭與工作桌的位置

將原本工作的區域，調換為雙人床鋪的位置，一方面是為了讓床頭與廚房不要共用同一道牆，睡覺處盡量遠離有水氣的地方。另一方面，讓好不容易重新刷上復古綠色的牆面，可以用來凸顯木質家具的配色。原本為了搭配紅色壁面購買的芥末黃床單，也跟綠牆上的畫作相呼應，成為綠色、褐色與黃色的三色搭配。

BEFORE 佈置前

- 床頭不適合有水氣、火源，不可與浴廁共用同一道牆，避免濕氣影響健康。
- 綠色是清新自然的顏色，空間彩度降低時，也會讓視覺感覺較為舒適放鬆。
- 改變紅色牆面後，綠面牆與帶有熱帶風格的同色系窗簾，顯得更加搭配不干擾。
- 黃色與綠色是鄰近色，搭配同樣大地色系的深褐色，讓人感覺舒適順眼。

AFTER 佈置後

03. DETAIL
合適的裝飾物才是加分重點

空間中原本就有許多屋主自己創作的畫作，挑選與牆面同色調
的黃色或綠色系的作品，擺放在哪裡都顯得很好搭配。另外，
將雜物歸納收拾好，讓視覺不會被干擾，就容易欣賞畫作。留
白的牆面也可以帶給人清新簡約的感受，在自然的色調中互相
搭配，可以襯托出有趣味的生活場景。佈置時檢視環境週遭，
歸類各式各樣物件的色彩，找到合適的裝飾物才會成為佈置加
分的重點。

● 裝飾掛畫，是為了點綴，不需要增添太多不必要的飾物。
● 將日常使用的生活道具有秩序地排放，利用顏色大小去分類也會看起來很整齊！
● 重視色調：換了一個臥室的牆面顏色，就可以大大改變空間氛圍。
● 善用自然光線，就利用較透光的淺色窗簾，使空間在白日看起來更柔和。

BEFORE 佈置前

AFTER 佈置後

〔LESSON 2〕
Sophie's Bedroom

大地色調的簡約臥室

淺米色與大地色系的輕快小調

Photography : Wang chu

　　　　　　　　陳設美好的生活 The Pursuit of A Better Life

01. DETAIL
簡化臥室的顏色種類

臥室色調不適合太飽滿、彩度太高的色調，太過花俏的圖案也不易讓人放鬆，因此適合色調簡單、溫潤富有手感的元素。照明可以使用多種類型，例如睡前閱讀的閱讀燈、化妝台上的化妝燈和放置角落的床頭燈等，如果用多功能的照明方式取代一盞打亮全室的吊燈或是吸頂燈，更能打造適合入眠的燈光亮度。另外，臥室不宜堆積閒置雜物，避免生塵潮濕，影響居家生活健康。

BEFORE 佈置前

● 用一桶油漆、換一條新的棉被套色，讓色調盡量類同。
● 決定色調後就去附近油漆行購買，若是說改天再買，反而會拖延想改變的心情。
● 油漆工具比想像中的簡易：準備適量油漆、油漆刷、塑膠桶和養生膠帶[25] 即可。
● 油漆過程中需光線充足，深色通常要多次上色，初刷者請考慮淺色系更簡易一些！

AFTER 佈置後

[25] 「養生」一詞在日文中為「保護」、「遮蔽」的意思。養生膠帶是指膠帶與塑膠膜的結合，在居家裝潢、油漆時可以降低家具碰到髒污的機率。

02. DETAIL
打造休息的睡眠空間

先把少用的、不一定要放臥室內的雜物清除，並依照物品使用頻率逐一重新置放整理。臥室是休息的地方，所以機能上應該要簡單。減去累贅的物件後，再依照功能需求增加家具，例如櫃架、箱盒等，並依照現場微調植栽或裝飾小品，無需增添過多飾物。重新整理一個房間，想購入的東西一定會很多，仔細思考有什麼可以變換的，稍微構思一下，會發現要買的新品變少了，這時請考慮只留下一兩樣最需要、可以快速轉換氣氛的要件即可！

快速改造臥室的要點如下：

A. 清潔：漸少贅物積塵
B. 改造：刷新牆壁油漆
C. 色調：質樸素色
D. 雜物：增添櫃架
E. 植物：點綴窗邊角落
F. 裝飾：量少而精緻
G. 燈光：可微調光線佳

臥室只要色調統一或材質相近，擺放物件就比較不會雜亂，
即便雜物不少，也能感受到融為一體的整體感。

03. DETAIL
合適的裝飾物才是加分重點

臥室的其他空間，不一定要閒置著，原因是為什麼呢？因為躺在床上的時候，視線會觸及到這部分的空間。想要打造好看的空間景色，這時只要善用陳設，一個5坪大的臥室，也可以分成兩側不同的功能情境！將長方形臥室格局劃分為2：1的比例，讓衣櫃、梳妝台、書桌或是一張茶几與沙發重新排列，就能在空間另一側提供不同機能。

起居室比起客廳少了公共開放的感覺，也多了生活隱私，所以個人風格可以更展現開來。好好利用臥室閒置的一隅，也可以創造一個愉快舒適的起居室。

- 鏡面通常不建議直接面對床鋪，現代來說就是減少干擾睡眠的各種原因。
- 臥室或起居室裡，選購風格較為簡單乾淨的裝飾品，因為比較耐看，也可以與環境融合。
- 床頭不建議置放植物或插花，避免濕氣影響健康，植物可置放較遠處如窗前角落。
- 臥室宜清爽素淨，起居室則有實用功能，也是主人性格的展現。

〔LESSON 3〕
Taiping Apartment

百年古厝的落地窗

一個年代久遠的獨戶臥室

陳設美好的生活 The Pursuit of A Better Life

01. DETAIL
切割狹長型建築

室內落地窗外，就是百年以上的大稻埕建築，在傳統的紅磚古蹟上，以日治初期的大稻埕作為研究文本，將二廳二房的傳統狹長型空間，拆除其中一間，使光線不致於過度陰暗。而擁有落地窗美景的空間，佈置一道藍色視覺牆面，成為主人家最美的臥室情境，也襯托大稻埕百年的建築光景。整體在新與舊之間，頗具人文況味。

- 發掘房屋的缺點跟找到優點一樣重要，隱惡揚善，就能建立更健康舒適的環境空間。
- 天花板、牆面與地板是佔視覺最大面積的部分，所以這三個地方的色調很重要。
- 過於狹長的走道會給人壓迫感，光線也不容易照射進來。
- 只要更換牆面或地面色調，就會有很大的改變效果。

02. DETAIL
帶有落地窗景的隱謐臥室

將陽台變成一種視覺享受的景致,在現代生活中是奢侈品,所
以善加運用一面能迎向自然光的前陽台,就可以打造成充滿風
情的風景。案例中的前陽台屬於室內的範圍,沒有通向室外,
因此佈置一組桌椅與植栽。即使是擁有大片落地窗,也可以用
竹製隔簾及抽褶式白色窗簾調節光線,建立室內外的界線,會
有更加隱密的安心感。

使用早期帶有中式風格的木製對椅,配上琺瑯材質吊燈、適合
台灣生長的竹芋類植物,就能營造舒適的陽台空間。

● 竹芋類植物種類繁多,適合台灣氣候,可擺置窗邊或以半日照方式照顧,即可自然生長。
● 在室外的陽台邊,多掛置一幅吊拉式竹簾,夏日可降溫至少一度半,並增加隱密感。
● 床頭片使用展開的木屏風。物件功能並不需要被名稱限制,可以將其以安全固定的方式發揮巧思。
● 掛簾不同的掛法:左圖為雙邊掀簾,右圖為垂掛竹簾,可以做不同的綁法改變。

AFTER 佈置後

法國哲學家加斯東·巴舍拉（Gaston Bacheland）
描述家是「人類生命中之一種強大的整合力量。」
在家中一個人可以找到他自己的認同。[26]

[26] 出自《實存、空間、建築》一書。

打造出令人安心的隔間感

空間與空間的交界處，要能讓物有所歸。創造出場域感，也會讓人有安心的感受。除了用色彩來做空間上的區隔，使用中空式書架作為隔間中島，更有開放的效果，這種方法適合租屋輕裝修、可移動隔間的需求。還可以利用竹簾、掛簾、珠簾等垂墜式的門簾製造屏障感、讓人明白這是空間之間的過渡區，除了有便利移動的優點，還有著分別區域的功能性。

- 台灣現今也以陳設家具為室內趨勢，移動式比起訂做固定式的更便利。
- 屏障感可以使用垂簾、植栽、書櫃層架、木箱等製造出來，創造場域感的話，可以試試地毯。
- 如果覺得布簾類的隔間很累贅，不妨試試竹管簾、珠簾、線簾等穿透性高的生活道具。
- 房屋要讓人安心的話，在角落點上燈源，減少暗處，會讓人感到有更完整的空間效果。

【第六章】

Sophie's Choice
選物店推薦

/ 1970′s 古物店　The 1970′s /

/ 引体向上　Indigo /

/ 鳥飛古物店　Asuka Antique /

/ 地衣荒物　Earthing Way /

/ 家庭作業　Homework Studio /

/ 棲仙・陳設選物所 Seclusion of Sage /

/ 康克家居　Conquer Casa /

/ 植色木木　MU.FLOS /

The 1970's

〔1970's **古物店**〕

／ 主理人 ／

老闆嘉翔&老闆娘盈穎

喜歡你所喜歡的，堅持你所堅持的，
一起過老派生活吧！

因為喜歡1970年代普普風的物件、鮮豔繽紛的色彩和造型奇特的幾何
圖形，所以嘉翔和盈穎將選物店取名為「1970's 古物店」。很多客人
還以為店主是1970年出生的，但其實店主人是一對年輕漂亮、帥氣的
夫婦。

在還沒有經營古物行業時，兩人一個是從事電子業，一個是幼教業，
共同興趣就是到古物店挖寶。早期的宜蘭只有已歇業的桔子太陽古物
店，只要下班或休假兩人就會去閒逛及買一些有趣的小東西，後來從
沒有想過會開古物店的兩人，就把興趣變成事業。

提議開店的原因，是老闆娘怕老闆之後付不出房租（笑），加上姑姑
在花蓮開古物店，所以兩人就在姑姑的指導下開了宜蘭店。店內蒐集

來的早期物件，沒有特別屬於某種風格，因為兩人每個時期喜歡的東西不同，一開始喜歡七〇年代普普風、色彩鮮豔的物件，兩人還曾搜集各個顏色的蘑菇燈。有一陣子喜歡重工業風格，所以蒐集各種鐵件及醫療用品，然後近期喜歡木製品，自宅地面便是使用檜木，家具也是實木老家具，所以無論什麼風格，兩人就是喜歡這樣的老派生活。

這間店的迷人之處，在於每樣物品保有原本的況味，老闆當時在工作之餘也學木工，所以無論是修復或改裝老件，總能找到一些不同於其他老件的選物，是值得一逛的店家！

Indigo

〔引体向上〕

／ 主理人 ／
陳澍宇

大膽擁抱色彩吧！強烈色塊雖然看似通俗，
其實也可以融於現代空間，飽和的很時髦，不會很俗豔！

一走近引体向上，絕對會被復古精緻的店舖外觀吸引，打開大門後，恍如進到另外一個世界。那個屬於六〇、七〇年代普普藝術的炫風，在主理人澍宇的眼裡，是「塑料發明」的關鍵。塑料剛被研究時質量是最好的，可以精準地用在色料方面，而且還能永續使用，因為當初普普塑料家具在美國發展，其實是希望人們能用一輩子的。

但是由於塑料開模式的商品可以大量複製，所以之後產生許多盜版品。可以想一想，塑料只是一個用品，還是生活裡有趣的元素？如果講究生活，複製品是無法傳遞設計師的心意的，這樣的觀點從引体向上的選物中就可以看到端倪。澍宇笑稱自己是「退休的電影美術指導」，能夠為這家店引入活力，靠的是從電影系到美術組、從實習生到資深美術指導的背景，還有二十多年來遊走於各個歐洲大國的眼光，同時也在跳蚤市場、道具倉庫、時代與物件中發覺「時代好玩之處，就是每樣物件都可以彼此互搭，每個國家都是關聯的。」

而現在店鋪選物不限於某種風格後，澍宇覺得認識各行各業的人是最大的收穫，因為每個人的故事都可以帶來很多靈感。這位保持頑童之心又溫柔的退役美術指導說：「這裡不是只有Space Age的家具，還有可以發揮很多想像力、創造力的地方，希望進來的人都能有很快樂、美好的感受。」店名「Indigo」，是靛青色的英文諧音，也是老闆喜歡的顏色，「『go』還有向上的意思嘛！」，澍宇靦腆一笑地說，請大家務必參觀這有趣的地方吧！

Asuka Antique

〔 鳥飛古物店 〕

/ 主理人 /
葉家宏

忍別人所不能忍，得別人所不能得
對於自己所在意且重視的，一定要有所堅持，
等待開花結果的一天。

「在眾多選物路線之中，知道自己深受木頭溫潤質感所吸引，也喜愛木頭表層經過歲月使用所產生獨特的皮殼感，物件因使用而產生的獨特樣貌，是我很欣賞的。」鳥飛古物店主理人家宏說。店名的由來，源於他想像古物猶如一隻鳥，領著自己翱翔於天地之間，過程中，他成為了古物媒合者，也體認到自己只是暫時性的擁有古物，所以對於前人的使用充滿感激，並抱著祝福的心意護送它們進入下一個人的生活中。

家宏著迷於台灣日治年代的物件或日本大正昭和的浪漫，並藉由自學木工、鐵工、皮件、機械電學原理來解決所遇到的維修問題，早期古物的貨源較多，賣家忙著到處收貨，收回來的物件多半沒時間整理，就堆在倉庫讓藏家自己挖寶，「從那時候開始，我練習找到古物適合被觀看的角度。」家宏說。

台南是他的家鄉，也是想要生活的地方，家宏探尋著每一個物件的可能性，散播古物美學的種子，鳥飛古物店則為家鄉留下一些不一樣的況味，可以讓古物訴說更多本身的故事；對他而言，古物開啟了觀看世界的不同角度，也因此碰觸到未曾想像的那些人和故事。

圖片提供：鳥飛古物店

#04 民藝

Earthing Way

〔 地衣荒物 〕

／ 共同主理人 ／
謝欣翰

拾文化的荒，做清醒的夢，有意識的生活，生活才能有意思。
做個有記憶的人，讓好奇保持新鮮，日常顯得珍奇！

「地衣」是生態學上空氣的指標，是生物在開疆闢土的時候第一個長出的植物，也是土地的衣服。「荒物」是日本的方言，「荒」有粗糙、原始、未經琢磨的意思，而「地衣荒物」就是為自己的土地穿上衣服，讓物品回到最原始的樣子。店內販售台灣當代工藝家作品、早期的古物民具，同時也舉辦物件展、工作坊、音樂會與生活風格講座等多元類型的藝文活動，有反璞歸真跟守護土地的含意。

主理人欣翰因為工作，曾大量接觸日本品牌跟職人，觀察到別的國家都會特別關注傳統工藝跟在地設計的文化，後來透過外國人的眼光看回台灣，才發現原來生活最習以為常的小東西、小事物，才是世界當中最珍貴、最獨特的地方，於是他將各種想法慢慢醞釀累積，2016年與團隊夥伴共同創立台式選品店「地衣荒物 Earthing Way」，期望能透過台灣早期的民常器物與工藝家、職人的作品，挖掘物件中土地的記憶，發展本土的文化拾荒運動。地衣荒物的特色，是選物都帶著有機紋理的東西，這些物件有著人們使用過的證明，飽含著製作的心意，還有使用者的惜物之情，對於收藏家來說，那時間流逝的痕跡，帶有一種迷人的靈性。

圖片提供：地衣荒物 Earthing way

Homework Studio

〔 家庭作業 〕

／ 共同主理人 ／
Marko Jan

物品的價值在於使用，不管是新品或老物，
都希望能長久被珍惜喜愛，不需要去追隨潮流。

店主 Marko 來自基隆和平島，自從到台北開始租屋後，就開始收集老家具來佈置自己的空間，這些物件來自台灣老工廠的庫存品、國外市集和古物店家，一旦他碰上喜歡的，都會先收集起來，以致後來數量太多需要多一個空間放置，於是便在住處附近巷內找了一個公寓一樓，這個空間就是之後 Homework Studio 的雛形。

Marko 認為，現在的新製品用起來方便快速，但是老物件往往擁有溫潤的做工與良好的用料，是現在工廠大量製作的新品不能複製的。也因此人們在使用時可能來不及與物件產生一些交流便結束了，因為過程中會有諸多的步驟與不方便，這可能就是現在大家常說的「儀式感」；如果用心去使用，同時就多了一些時間去欣賞手邊的物品，

圖片提供：
Homework Studio

「我很喜歡這樣的互動感，整理老件的過程也常讓我產生新的體悟，我覺得是現在快速生活中應該去好好體會的。」Marko形容著，他說，店內收集來的物品及老件都與家有關，於是他把家定義為一個讓人感到熟悉且舒適的場所，這是他出給自己的基本課題，這也就是 Homework Studio 家庭作業的店名由來，一個關於簡單、一目了然的溫暖世界。

Seclusion of Sage

〔 棲仙・陳設選物所 〕

／ 主理人 ／
Lsy sophie

人文、藝術、陳列設計的紙本知識世界，
向大眾分享讀書的喜悅，與陳列設計的美好。

時常在講座中被聽眾提問，陳列設計有什麼能參考的書嗎？每當被問到這一題時，常常覺得很難給出正確的答案；因為陳列設計是時事、心理學、美學、技術性、規劃型的整合策略，所以要閱讀的訊息，是來自四面八方的整體趨勢，很少有一本書就可以代表。

棲仙・陳設選物所，在這樣的想法中出現，也因為設計是為大眾服務，所以產生了「把自己收藏的陳列設計書籍跟大家分享」的想法，即便規模不大，還是提供了可內閱的人文設計圖書，希望對喜歡陳列設計的人們有幫助。這裡利用老宅文化價值分享更多藝文資訊、藝術書籍和講座課程等，期望讓所有想創造更優美、更舒適環境的朋友們，能夠在此找到自己需要的書籍，藉以打開陳列設計的啟蒙大道。分享自己喜愛的書籍給大家知道，有一種使命感，也因為這裡是一處傳遞文化的棲息之地，所以取名棲仙・陳設選物所，希望能傳遞每本書帶來的不同啟發，同時也提供座位與咖啡烘焙甜點，讓閱讀的心靈更加療癒。

圖片提供：
棲仙・陳設選物所

07 花器香氛

Conquer Casa

〔 康克家居 〕

／ 主理人 ／
Aaron、Andrew、Ring & Karena

我們旅行世界，蒐集沿途風景。然後將溫暖和美傳遞出去。
希望有一天我們眼中的家，也能成為你生命中最美的風景。

陳設美好的生活 The Pursuit of A Better Life

很多人會問：「康克是一家什麼風格的家具家飾店？」老實說好像很難精準定義，因為康克像是創意總監 Andrew 的私人博物館，裡面投射了他對於家居生活的想像。他喜歡的家具線條是簡練優雅的，但在這樣的主軸之下，又融合了許多富有生命力與質樸手作的家飾花器，也因為他走遍了世界各地後，經歷不少文化衝擊，所以讓這些家居生活與美麗的事物，有更豐滿的想像。

康克家居在 2015 年於高雄成立第一間店，「康克」為工廠名稱「Conquer」的音譯，靈感來自父親工廠的名稱「古巴」及年輕時最愛樂隊「鼓霸大樂隊」的諧音。

店內有來自泰國 Yarnnakarn Art & Craft Studio 的商品，手工的質樸感將動植物化為不同的花器，讓每一件作品都有獨特的生命力。另外還有很多香氛產品，因為 Andrew 認為嗅覺是最能引起回憶的感官，香氛蠟燭可以牽起記憶中的故事與連結。

圖片提供：Conquer Casa 康克家居

MU.FLOS

〔 植色木木 〕

／ 主理人 ／
植色木木

努力說好在台灣永生花的故事，新研發的改良技術，
是浪漫，是使命，是技術與傳承讓花材永續了美麗的生命。

植色木木使用台灣在地花農種植的花卉，製做出色彩豐盛的花藝材料，並承接發明者祖父的技術，逐步實驗改良，研發出新的「延色技術」抑制褪色問題，讓永生花有更耐久的保存狀態。與一般乾燥花相比，這樣的花材沒有刺激的化學氣味，不會滲色沾染，不需要常常更換新鮮花材，所以就沒有換水、凋謝的問題。

很多人不知道，台灣的「永生花」曾擁有一段燦爛的輝煌歲月，發明永生花的林國筆先生，在上個世紀還有著耀眼的紀錄。1965年，林先生申請了永生葉專利並外銷國外市場，後來在1983年於台灣省立博物館展出不老花（永生花舊稱），並幫助省博製作數百種學術植物標本。到了1990年代，他再次申請到永生花及永生葉的專利，並於台灣省立美術館舉辦特展，也曾在省博的支持下，赴印尼製作世界最大及最高的花朵標本，並展開全省巡展，獲得極高的迴響。

植色木木不捨祖父的故事在台灣隨歷史消逝，所以他們決定重新發揚這個技藝，在融入現代美學後，參與了2011年花博未來館的展出。出自林家後人重拾舊業的傳承，這些取自在地花卉的永生花色彩多樣，佈置在居家、商空都非常好看，適合喜歡耐看、長久使用的陳設佈置需求。

圖片提供：植色木木 MU.FLOS

1970's 古物店 The 1970's

營業時間：星期一 ～ 星期六 / 13:00 - 18:00

營業地址：宜蘭縣羅東鎮公正路61號2樓

營業電話：0958 - 053 - 307

預約制：否，可親洽前往

刷卡付現：無刷卡服務

引体向上 Indigo

營業時間：星期三 ～ 星期日 / 13:00 - 20:00

營業地址：台北市中山區龍江路55巷1-1號

營業電話：(02) 8773 - 6746

預約制：否，可親洽前往

刷卡付現：兩者皆可

鳥飛古物店 Asuka Antique

營業時間：星期五 ～ 星期一 / 13:00 - 19:00

營業地址：台南市中西區忠義路二段158巷62號1號樓之1

營業電話：(06) 221 - 1814

預約制：開店日為正常營業，其餘時間為預約制

刷卡付現：現金、匯款、線上刷卡、paypal服務

地衣荒物 Earthing Way

營業時間：星期三 ～ 星期日 / 10:30 - 19:30

營業地址：台北市大同區民樂街34號

營業電話：(02) 2550 - 2270

預約制：否，可親洽前往

刷卡付現：兩者皆可

家庭作業 Homework Studio

營業地址：台北市中正區三元街172巷1弄6號
營業時間：星期一 ～ 星期五 / 13:30 - 19:30
　　　　　　星期六 / 13:30 - 18:00
營業電話：(02) 2304 - 5068
預約制：彈性預約，常需外出洽公，建議先預約
刷卡付現：無刷卡服務

棲仙・陳設選物所 Seclusion of Sage

營業地址：新北市永和區福和路263巷1號
營業時間：星期五 ～ 星期日 / 12:00 - 18:00
營業電話：暫無
預約制：否，可親洽前往
刷卡付現：無刷卡服務

康克家居 Conquer Casa

營業地址：新北市板橋區長江路二段161號1樓
營業時間：星期一 ～ 星期六 / 12:00 - 20:00
營業電話：(02) 2537 - 1234
預約制：營業時間歡迎隨時來訪
刷卡付現：兩者皆可

植色木木 MU.FLOS

正常服務：星期一 ～ 星期五 / 09:30 - 17:30
彈性回覆：星期一 ～ 星期日＋國定假日 / 17:30 - 22:30
社群：Facebook｜Instagram
平台：蝦皮｜露天｜奇摩｜Creema｜Pinkoi｜ShopBack

國家圖書館出版品預行編目資料

陳設美好的生活 / 林書言 Lsy sophie一初版 .-- 臺北
市：三采文化，2022.4　面：公分 .一(Beauté：08)
ISBN 978-957-658-795-5(平裝)

CST: 家庭佈置 2.CST: 室內設計
422.5　　　　　　　　　　111003565

suncolor
三采文化集團

Beauté 08

陳設美好的生活

作者｜林書言 Lsy sophie
編輯一部 總編輯｜郭玫禎　　執行編輯｜陳岱華
美術主編｜藍秀婷　　封面設計、內頁版型｜不毛設計　　內頁排版｜高郁雯
行銷協理｜張育珊　　行銷企劃專員｜蔡芳瑀　　攝影、插畫｜王筑

發行人｜張輝明　　總編輯長｜曾雅青　　發行所｜三采文化股份有限公司
地址｜台北市內湖區瑞光路 513 巷 33 號 8 樓
傳訊｜TEL:8797-1234　FAX:8797-1688　　網址｜www.suncolor.com.tw
郵政劃撥｜帳號：14319060　戶名：三采文化股份有限公司
初版發行｜2022 年 4 月 29 日　定價｜NT$720
　　　3刷｜2023 年 4 月 20 日

suncolor